深基坑开挖及
支护工程理论与实践

蔡 鑫 张 嵩 刘辉喜 著

吉林科学技术出版社

图书在版编目（CIP）数据

深基坑开挖及支护工程理论与实践 / 蔡鑫，张嵩，刘辉喜著. -- 长春：吉林科学技术出版社，2020.10
ISBN 978-7-5578-7624-1

Ⅰ.①深… Ⅱ.①蔡… ②张… ③刘… Ⅲ.①深基坑－工程施工－研究②深基坑支护－研究 Ⅳ.① TU473.2 ② TU46

中国版本图书馆 CIP 数据核字（2020）第 193636 号

深基坑开挖及支护工程理论与实践

著　　者	蔡　鑫　张　嵩　刘辉喜
出 版 人	宛　霞
责任编辑	隋云平
封面设计	李　宝
制　　版	宝莲洪图
幅面尺寸	185mm×260mm
开　　本	16
字　　数	240 千字
印　　张	10.75
版　　次	2020 年 10 月第 1 版
印　　次	2020 年 10 月第 1 次印刷
出　　版	吉林科学技术出版社
发　　行	吉林科学技术出版社
地　　址	长春净月高新区福祉大路 5788 号出版大厦 A 座
邮　　编	130118
发行部电话／传真	0431—81629529　　81629530　　81629531
	81629532　　81629533　　81629534
储运部电话	0431—86059116
编辑部电话	0431—81629520
印　　刷	北京宝莲鸿图科技有限公司
书　　号	ISBN 978-7-5578-7624-1
定　　价	55.00 元

版权所有　翻印必究　举报电话：0431—81629508

前 言

在经济发展如此快速的今天，人们对物质产品和建筑产品的选择越来越多，要求也越来越高，建筑行业彼此之间的竞争也在愈演愈烈，因此建筑行业要想在市场中立于不败之地，质量是唯一可凭借的筹码。为提升高层施工建筑的安全力度，基础埋深也随之不断增大，由于受到施工现场地形与地质的影响，基坑开挖类型越来越复杂，因而采用放坡开挖地基的方式，通过支挡、加固和保护对深基坑的侧壁和基坑的周边进行防护，深基坑支护对于提升建筑实物承载力和强韧度方面具有很大作用，可以在一定程度上保证施工的可靠性和安全性。

深基坑开挖之前最大的问题在于需要对周边的环境进行分析和勘察，深基坑的施工场地会随着土质和环境因素的特殊情况受到很大的影响，因此在深基坑的施工场地、深度、直径宽度确定之前都应该做好系统全面的勘察工作，深基坑周边的环境直接影响开挖过程中所遇到的问题和开挖过程的合理性。

坑基开挖前的准备工作非常有必要，直接决定开挖的合理性和开挖进度，在坑基开挖前，还要对建筑物建设位置的水平桩、标准轴线以及灰线尺寸进行全面勘察和预实验，得出相应的数据，并对不合理的数据进行分析剔除，依照数据，制定相对应的坑基开挖实施方案计划，事无巨细的将施工的桩桩件件考虑在内，做到心中有数；其次，对开挖地点的地下及地面的障碍物进行核实是否已经完全清理干净；最后，深基坑开挖技术和施工技术遇到的最大问题就是积水和深水问题，因此，在深基坑开挖之前，要做好排水系统的设定和检查，以保证排水系统能够正常的使用。

深基坑开挖的第一步就是做好基坑围护结构的实施，及时安装钢条或者钢板对维护基坑进行支护和保护，支撑架设完毕，且检查无误之后才能正式开始实施土方开挖，土方开挖的速度需要与坑基支护的支撑作用力相匹配，保证坑基开挖过程中坑基的形状和施工工人的人身安全。基坑开挖的过程中还要将坑基的开挖高度进行精细化控制，基坑开挖的过程包括测量、开挖内沟、混凝土制备、准备钻头喷浆和桩机设备安装到位等等过程，开挖的高度不同，工作的难易程度也不同，当然，在深基坑开挖的过程中，做好排水工作显得尤为重要。深基坑开挖过程中或开挖后出现漏水，渗水或位移三种情况，一旦出现渗水或漏水，均会导致坑内随时间的推移，出现积水的恶劣现象。这里的应急技术主要是针对积水处理办法，一旦出现渗水，首先通过打入钢管将渗水源头中的水排除或引流至别处，当然最根本的是要将渗水的破裂地方进行重新修补，直至渗水现象中止；漏水的情况与渗水情况大同小异；当深基坑中出现位移情况时，可以利用水泥喷粉的方式进行加固，倘若位移的情况比较严重，则需将坑角度相应增大或建立挡墙来排除安全隐患。

目 录

第一章 深基坑开挖理论研究 ············ 1
第一节 深基坑开挖对邻近建筑物的影响 ············ 1
第二节 深基坑开挖支护变形规律分析 ············ 3
第三节 深基坑开挖支护及降水的施工控制 ············ 7
第四节 地铁深基坑开挖的监理控制要点 ············ 11
第五节 深基坑开挖与周围高层建筑沉降变形 ············ 14
第六节 深基坑开挖引发的环境工程地质 ············ 16
第七节 基坑工程稳定与变形的若干问题 ············ 19

第二章 深基坑设计研究 ············ 22
第一节 岩土地质深基坑设计分析 ············ 22
第二节 软土地基中深基坑设计 ············ 25
第三节 深基坑设计与地质条件 ············ 27
第四节 紧邻既有线深基坑支护设计 ············ 30
第五节 丘陵地带深基坑支护方案设计 ············ 33

第三章 深基坑施工技术探讨 ············ 36
第一节 建筑深基坑施工技术分析 ············ 36
第二节 深基坑降排水施工技术探析 ············ 38
第三节 地铁车站深基坑监测技术 ············ 41
第四节 岩土勘察技术及深基坑的支护 ············ 44
第五节 岩土工程深基坑支护施工技术 ············ 47
第六节 市政工程深基坑施工技术 ············ 50

第四章 深基坑开挖安全控制研究 ... 53
第一节 深基坑开挖及安全控制 ... 53
第二节 深基坑开挖安全技术措施分析 ... 56
第三节 深基坑开挖的质量及安全管理 ... 59
第四节 深基坑开挖工程的质量监督管理 ... 61

第五章 深基坑支护工程理论研究 ... 65
第一节 深基坑支护设计与施工 ... 65
第二节 深基坑支护施工及质量控制 ... 68
第三节 基坑支护工程监理控制要点 ... 71
第四节 深基坑支护施工测量与监测 ... 75
第五节 相邻地块深基坑支护方案的选择 ... 80
第六节 深基坑支护结构设计的优化方法 ... 82
第七节 深基坑支护结构的施工要素 ... 85

第六章 深基坑支护技术 ... 89
第一节 浅谈建筑工程深基坑支护 ... 89
第二节 工程深基坑支护施工要点 ... 91
第三节 高层建筑深基坑围护施工 ... 94
第四节 深基坑支护结构设计要点 ... 96
第五节 深基坑支护结构变形规律 ... 101
第六节 深基坑支护的特点及选型 ... 105
第七节 深基坑支护现场管理重点 ... 108

第七章 深基坑开挖及支护工程施工技术 ... 112
第一节 建筑工程深基坑开挖施工要点 ... 112
第二节 深基坑开挖专项施工技术 ... 115
第三节 临近既有线深基坑开挖防护技术 ... 118

第四节　工民建中深基坑开挖与支护施工技术 ················· 120
　　第五节　建筑工程中深基坑开挖与支护施工技术 ··············· 123
　　第六节　地铁车站深基坑开挖围护结构与施工技术 ············· 125
　　第七节　明挖隧道深基坑开挖的安全防护施工技术 ············· 127

第八章　基坑工程的水文地质勘探研究 ························· 132
　　第一节　基坑工程环境水文地质分析与评价 ··················· 132
　　第二节　岩土工程中的基坑勘探技术 ························· 134
　　第三节　深基坑的支护与岩土勘探技术 ······················· 136
　　第四节　复杂地质条件下的深基坑降水技术 ··················· 141
　　第五节　BIM 信息可视化技术在基坑工程中的应用 ············· 143
　　第六节　BIM 技术在基坑监测中的应用 ······················· 147

第九章　深基坑开挖及支护工程的实践应用研究 ················· 150
　　第一节　深基坑支护技术研究与工程应用 ····················· 150
　　第二节　钢板桩支护在深基坑开挖中的应用 ··················· 153
　　第三节　复合支护体系在深基坑开挖中应用 ··················· 156
　　第四节　岩土项目施工中深基坑开挖支护技术应用 ············· 158

参考文献 ··· 162

第一章 深基坑开挖理论研究

第一节 深基坑开挖对邻近建筑物的影响

本节通过分析深基坑工程对周围环境的影响，在确定影响因素的前提下，可以使施工进度得到提升。必要的安全监测可以大大降低工程施工对周围附属物的安全、环境影响，使工程施工顺利展开。

随着社会的进步与发展，人们对居住安全性的重视程度也逐年提升，尤其对工程施工带来的周围建筑物安全问题更加关注。为此，工程施工企业在考虑自身经济效益的同时，也要着力创新工艺、方法，确保施工过程与周围环境和谐共存、良性共进。

一、深基坑开挖对周围环境的影响

（一）基坑底部土体隆起的影响

由于卸荷作用的影响，使得基坑底部的土体整体向上回弹，在此过程中，土壤松动及缓慢移动使土壤整体隆起。当深基坑施工开始后，四周的支护架构逐渐向基坑内部移动，而下部的支护架构同时向坑内移动，对前面的土体形成挤压作用，造成基坑底部的土体隆起。

（二）支护墙位移影响

基坑四周的支护墙受到外力作用而发生主体变形，当基坑内壁失去原有的土体压力后，外侧墙体就会受到来自内侧土体压力的影响。由于施工步骤是先开挖、后支撑，因此，支护墙体在支撑前就已经受力变形，给基坑外侧地层造成损坏，从而发生地面沉降现象。

（三）地下水影响

在基坑施工过程中，会造成地下水位降低，甚至会发生流沙或涌沙的现象，使整个基坑失稳，进而对基坑周边建筑物的安全性带来直接影响。由于水位下降，基坑四周建筑物基础下水的浮托力相应减少，从而使地基土自身的荷载增加，由此产生地面沉降，建筑物也因此缓慢下沉。尤其对于软土区域，当止水帷幕失去效用或降水不达标时，较大的水压力致使基坑内出现涌沙现象,直接对周边建筑的安全性形成冲击。

(四)周围地层移动影响

地层移动对施工区域内的建筑物安全造成一系列不良影响。导致周围地层移动的因素包括:基坑在施工时的作业工序;基坑内土体性能的改善;施工进度与基坑敞露的时间;地面超载与外界的振动负荷;自然界雨水及其他积水等。

(五)对周边建筑物的影响

在深基坑开挖之前,通过科学合理的监测方案能够避免产生过度变形的情况,减少建筑物倾斜、开裂以及管线破损等问题。实际施工时,深基坑在破坏前很容易在基坑侧向不同部位出现比较大的变形或者变形速率过多增大的情况,为此基坑开挖时必须要对周边进行严密的监测,保证基坑顺利施工。

二、深基坑施工与周边环境保护的协调措施

(一)加强地质勘查,制定详细施工方案

其一,展开地质调查,明确工程所在位置的地质状况。如果是软土等特殊地质,需要提前制定相应的深基坑施工方案。通过地质调查还可以明确施工区域地下管线的埋设情况,与相关部门进行协商临时更改管线走向,避免深基坑开挖施工对周围群众正常用电、用气、用水等造成影响。其二,开展环境调查,特别是在一些人口密集的市区,或是施工区域周边有古建筑、文化遗址的情况,应当通过勘查明确深基坑的开挖范围。

(二)根据现场情况选择合适的基坑支护结构

基坑支护结构的选型需因地制宜,通常要考虑以下因素:(1)基坑开挖的深浅;(2)施工及周边场地的大小;(3)周边环境的限制(周边建筑群容许的沉降量及地下管道的布置情况);(4)施工条件(工期及施工所使用的设备及工器具)。在综合考虑上述要素后,还要切实提高深基坑支护施工的质量和效率。施工队伍应提前了解工程项目所在地区的地质条件和水温特点,这样才能在支护工作中选择合适的支护方式,提高支护效果,为现场施工人员创造安全的环境。

(三)深基坑开挖前做好降水工作

随着基坑开挖深度的增加,地下水在重力作用下汇集到基坑中,除了会影响到深基坑现场作业的顺利进行外,还会造成深基坑四周土壁坍塌。如果深基坑施工在公路、建筑附近,坍塌后会造成路基、地基失稳,影响公路和建筑的质量安全。为了避免此类破坏问题的发生,当深基坑开挖到一定深度后,就要及时开展降水工作。在基坑降水前,宜进行抽水试验,结合深基坑开挖情况和地质勘查报告结果确定降水方式,并在基坑降水期间,实

时监测周边地下水位的变化情况，同时可在基坑外设置回灌井，在必要时可采取回灌水的方式，一方面保证基坑开挖施工的顺利开展，另一方面对于周边环境可切实防范由于基坑降水带来的不利影响。

（四）加强现场管理，落实绿色施工理念

在一些建筑物比较密集的区域进行深基坑工程施工，必须要考虑到现场施工对周边环境带来的多方面影响，其中既有空气污染、噪声污染等直观影响，也有地下水位下降等潜在的影响。因此，施工单位必须要采取更加严格和全面的现场管理，将深基坑工程对周边环境的各种影响都降到最低。首先，要贯彻落实绿色施工理念，在深基坑工程施工之前，就要结合前期调查，提供一套绿色施工方案。

（五）重视深基坑围护与支撑的施工

当深基坑在处于工程桩施工工序时，必须在已明确的工程桩内设置好结构柱（即钢柱），结构柱作为基坑支护体系的重要成员用于垂直支撑基坑。当工程桩施工完毕，必须马上进行围护桩（钻孔灌注桩）和水泥搅拌桩的施工。根据实际经验，开挖过程中必须把土体分为不同时间进行开挖的块，便于工序的开展。一块结束必须马上立好支撑，当开挖工作进行到基坑底时，必须全力进行垫层和大底板施工工作。

在绿色施工理念得到建筑行业广泛认同的背景下，加强深基坑施工管理，协调好深基坑工程与周边环境的平衡关系，就成为施工单位必须要考虑的问题。选择合理的开挖与支护方式、通过设置足够支撑及预加轴力的方法等措施，来控制挡墙的侧向位移。地下水与基坑问题密切相关，不仅要重视降水对基坑围护体系本身的影响，而且要注意地下水位变化对周边环境的影响。通过综合采取上述措施，切实提高深基坑工程质量，并保证周边环境和建筑质量安全。

第二节　深基坑开挖支护变形规律分析

随着社会的发展，基坑工程技术发生着日新月异的变化，近年来，我国大城市的大型地下空间发展十分迅速，技术复杂的基坑工程建设项目越来越多，基坑工程的规模越来越大，就会带来许多环境安全和基坑安全问题，基坑的变形控制成为基坑工程成败的关键，因此进一步加强对其的研究非常有必要，通过对基坑受力的变形规律研究，来提高深基坑工程实践的科学性。基于此本节分析了深基坑开挖支护变形规律及控制措施。

一、深基坑工程的特征

（一）受地质水文与市政环境影响大

深基坑工程对工程地质环境与水文条件的依赖性高，在不同土壤地质条件下，深基坑工程往往呈现不同特点，我们国家很多城市或同一城市的不同区域，土壤类别差异性较大，水土环境受气候影响也较大，因此对深基坑的作业要求也不均等，深基坑工程表现出较强的地域区别。在工程的勘察设计中，对土壤与水文环境的调查往往有很多不确定性，因此较难准确定位工程当地的总体情况，对于不同工程要根据其性质与所处的特定水文、地质环境考虑深基坑工程的开挖以及支护技术的采用类型。

（二）复杂性与综合性

深基坑工程往往不是独立工作的，在地下空间开发、地上建筑物与构筑物工程、桥梁与隧道工程、市政与岩土工程中均是扮演了非常重要的角色。深基坑工程与结构工程、岩土工程与施工技术的关系密切，相互交叉，相互影响，深基坑工程影响其他工程的同时也会受到其他工程对其的干扰。在现实中，深基坑工程除了保证一定的稳定性与强度外，防止基坑变形与渗流也是工程技术人员重点考虑的问题，往往很多工程出现多种问题相互结合，相互矛盾，需要统一的协调与处理，体现出一定的综合性与复杂性，最终需要技术人员权衡矛盾寻求最优化的解决方案。

（三）环境与时空效应明显

由于地质条件是时时变化的，有时深基坑开工前土壤地质条件适宜，基坑稳定性满足要求，但是随着时间的推移，基坑周围的主动土压力与被动土压力存在一定的变化，当这些变化长时间作用于基坑的时候，基坑尤其是深基坑的稳定性就会受到破坏。深基坑的工程环境效应体现在对周围环境的影响程度上。深基坑的施工开挖的时候，土方量的占地面积要干扰周围行人与机动车、非机动车的正常通行，深基坑的开挖与支护施工会对周围的建筑物、构筑物、市政管网造成稳定性的破坏，施工产生的噪音污染还会影响附近居住小区的正常生活，因此从环境角度而言，深基坑工程的环境影响效应表现显著。

二、加强基坑开挖支护变形的重要性

深基坑的开挖会带来基坑周边的地层朝着基坑的方向移动，进而在地层中形成被动土压力和主动土压力。在进行基坑的开挖施工时，基坑维护结构的任务技术为建筑物的主体结构提供干燥和安全稳定的作业空间，但同时也会产生基坑周边地表的沉降以及结构的变形。城市建设发展越来越迅速，城市地下空间的开发也在快速发展，所以，现代城市发展的地质问题和环境问题是因城市地下空间的开发利用而造成的城市地面的沉降，所以，在进行深基坑工程时，基坑的变形控制成为基坑工程成败的关键。

深基坑开挖过程中不仅要保障基坑的稳定和安全，而且还要控制好基坑附近地层的水平移动和沉降进而不破坏基坑附近的环境，尤其是处在城市的深基坑工程，基坑的施工空间比较小，附近的建筑物比较密集，控制好附近地层的位移显得十分重要。在地质条件比较好的地区，因为基坑开挖所带来较小的周围地层的变形，适当的控制不会影响基坑周围的环境，但是基坑位于软土地区，由于地质条件复杂，地层软弱，进行基坑的开挖就会带来较大的变形，严重破坏变形会带来巨大的经济损失和危及人们生命安全。所以，我们要加强重视基坑变形的重要性意识。

三、深基坑开挖支护变形原因

（一）围护桩水平位移

在开挖过程中，围护桩的变形发展形态是不同的，第 1 步开挖后桩体变形基本呈倒三角形，变形近似为一条直线；随着开挖的不断进行，围护桩的变形不断增大，桩体水平位移最大值位置逐渐下移，直至开挖完成后趋于稳定，最后呈两头小中间大的"胖肚"形。

根据对围护桩水平位移的跟踪监测数据，可以知道围护桩桩底变形有所差异，桩底水平位移计算值基本未发生移动，而现场监测的桩底水平位移发生了约微小移动，原因可能是监测中的误差，或是实际施工过程的非正常施工因素引起的。

（二）基底隆起

随着基坑开挖深度的增加，存在很大的基坑边界的内、外地面的高度差；当开挖进行到最后时，在基坑开挖面以下的一定距离的围护桩向坑内移动，挤压基底下的土体，导致基底的隆起。

（三）基坑周围地表沉降的影响范围

随着开挖深度的不断增加，地表沉降也逐渐增大，最终形成近似于抛物线形的沉降槽。某城市基坑工程，场地周边均为菜地和水塘，最近的居民楼在基坑深度 3 倍距离以外，对施工的干扰较小；标准段场区内市政管线相对较多，均分布在既有道路两侧。其沉降槽的范围约为 2h（h 为基坑开挖深度）；地表沉降最大值不是发生在基坑边沿，而是发生在距基坑边约（1/3～1/2）h 的位置；实际监测地表沉降最大值为 —12.4mm，大于数值计算值 —6.2mm，但该值在地表沉降控制值（±30mm）的范围之内，造成此结果的原因是多方面的，基坑实际施工过程远比数值计算复杂得多，地面附加荷载、超挖、未及时施做支护结构等均可引起地表过大变形。因此，在数值计算中建立符合实际工况的开挖模型是非常关键的，同时，在现场基坑施工中，严格遵循基坑开挖的原则也是不容忽视的。

（四）坑外土体位移场

对基坑实测位移场的研究发现，地下墙后土体水平位移分布模式主要可以分为两个区：

一个是块体滑动区，该区水平边界距离地下墙大约为 1/3 倍开挖深度，垂直边界约为地表下一倍挖深，该区内土体水平位移沿水平方向基本不变，呈现整体滑动的特性；另一个是线性递减区，该区水平边界距离地下墙大约是一倍挖深，垂直边界约为 2 倍挖深，该区内土体水平位移沿水平方向线性递减为零。另外，地下墙后土体垂直位移分布模式大致也可以分为两个区：一为整体沉降区，开挖面以上至地表范围内土体的沉降值沿深度近似相等，各深度处沉降曲线近似等于地表沉降曲线；二为线性递减区，开挖面以下至两倍开挖深度处，土体沉降值随深度增加，逐渐线性减小为零。有了地表沉降曲线，结合土体沉降变形沿深度方向的传递变化规律，就可以根据地表沉降值求出深层土体垂直位移值。

四、变形控制措施

（一）加强变形监测优化

深基坑工程监测是为了确保在基坑施工过程中基坑工程主体和周围环境的安全，通过对基坑本身内部有关结构的位移、内力以及基坑以外的环境保护对象变形参数的监测，验证基坑支护结构设计和基坑开挖施工组织设计的正确性，并对基坑支护体系的稳定性、可靠性和安全性进行预测预报，及时掌握在施工中支护结构的应力和变形以及环境的变化情况。

为了更好地掌握变形规律，采取措施进行控制，需要从多个方面进行：

监测频率。基坑监测应贯穿于基坑工程的全部过程，从基坑开挖前的准备工作到基坑工程土方回填完毕，甚至在有特殊要求的情况下需监测至基坑变形稳定或者趋于停止变形为止。在监测过程中，基坑监测的频率并非是一成不变，而是基于工程概况，施工进度、外部环境影响以及当前监测值的稳定程度等影响方面，并结合当地经验综合考虑而进行适时调整。

监测报警值。监测报警值是为确保基坑工程的安全性而设定的各项监测指标的预估最大值。合理设定的监测报警值应包括基坑工程各监测项目的累计变化量和变化速率值两个控制量，是调整施工步序和优化工程原本设计方案的重要依据，更是工程施工安全的重要保障。

例如，武汉市轨道交通 4 号线二期工程从黄金口站至首义路站，线路全长 16.857km，其中高架线 3.2km，敞开段 0.15km，地下线 13.507km，有地下车站 11 座，高架站 2 座，设黄金口停车场 1 处和王家湾主变电站 1 座。武汉市轨道交通四号线二期工程区间及车站土建施工第三标段为：拦江路~钟家村区间、汉阳火车站站及钟家村~汉阳火车站区间。对于该工程进行基坑开挖变形控制主要从以下方面开展：隧道轴线上方地表沉降监测。建（构）筑物沉降监测。管线沉降监测。隧道拱顶沉降和隧底位移。隧道净空收敛。对此主要进行了建（构）筑物沉降变形控制。监测频率。监测工作必须随施工需要实行跟踪服务，为确保施工安全，监测点的布设立足于随时可获得全面信息，监测频率必须根据施工需要跟踪服务，实时反映推进情况。监测报警。根据施工图纸设计要求，及本区间段的实际施工环境，我们确定如下变形控制标准（特殊地下管线及建筑物以产权单位要求执行）：地表最大沉量范围 +10mm ～ -30mm，速率 ≤ 2mm/ 天。隧道拱顶沉降隧底位移顶部下沉 20mm，速率 ≤ 2mm/ 天。底部隆起 10mm，速率 ≤ 2mm/ 天。地下管线沉降量范围有压管线 -10/+10mm，速率 ≤ 2mm/ 天。无压管线 -20/+20mm，速率 ≤ 2mm/ 天。建筑物沉降范围 +10mm ～ -30mm，速率 ≤ 2mm/ 天。隧道收敛 20mm，速率 ≤ 2mm/ 天。从监测信息以及具体应用可以知道，在确保隧道及联络通道自身安全的前提下，最大限度地减小施工对周边的影响，收到了良好的效果。

（二）加强变形控制

随着围护桩嵌固深度的增加，桩体水平位移和坑底隆起均有所减小，坑底隆起减小的幅度要大于桩体水平位移的幅度；当嵌固深度增加到一定程度时，桩底逐渐不发生变形，若继续增加桩长，对减小围护桩变形作用不明显，但对基坑抗隆起是有利的。

支撑位置改变前后最大水平位移值有所增加，且发生位置也略有上移。由此说明，围护桩的变形对支撑位置的改变是比较敏感的，在基坑支护结构设计时，支撑位置的设置，除了考虑施工空间外，还应当考虑对基坑支护结构内力及变形的影响。

增大土体抗剪强度对于约束支护结构的变形有着非常好的效果，因为抗剪强度的增大使得土体稳定性提高了，但是当抗剪强度增加到一定程度以后，对基坑维护结构变形控制的效果就没有那么显著了。

增加桩体嵌入深度能够有效控制支护结构的变形，但是增加到一定程度时，效果非常有限，而且会增加成本，还有可能出现应力集中等各种问题，故而在决定桩体嵌入深度时要谨慎，综合考虑各方面因素。

总之，在复杂条件下的深基坑，基坑变形与控制往往是深基坑设计的关键，因此进一步加强对其的研究非常有必要。

第三节　深基坑开挖支护及降水的施工控制

现阶段道路改扩建施工中，常遇到因红线宽带限制，无法进行大开挖作业，经常进行深基坑开挖支护，并做相应降水措施以保证施工正常进行。本节以沟槽深度 6.2m，水位原地面以下 4m ～ 5m 的沟槽为例，针对其中主要影响因素进行重点梳理。

一、深基坑开挖方案

（1）在施工过程中，首先用装载机对原地面进行整平，再采用人工配合挖掘机分层开挖土方，土方有自卸车从基坑南侧出土口运出施工现场的开挖方式。土方出土口边坡按

1∶3 开挖，边坡采用挂网喷浆防护，混凝土面层厚度为 0.08m，强度等级为 C20。

（2）基坑开挖第一阶段开挖至地面下见软基处，围绕基坑建立临时井点降水系统，进行开挖降水施工。若开挖过程中，未见地下水，则直接挖至地面以下 2.5m～3.5m 处，在此处设立 1m 宽的护坡平台，防止流沙、流泥进入施工基坑内。第二阶段开挖至原地面以下 5.5m～6m 处，围绕平台内侧边缘建立井点降水系统，进行开挖降水施工。第三阶段开挖至基坑底，围绕基坑底边缘建立井点降水系统，进行降水施工，在地下水位稳定后，进行下步施工。

（3）根据土质和水文情况，基坑开挖深度 3.1m～6.2m，采用挖掘机分层开挖，人工配合开挖方式。在机械开挖时，对开挖边缘及基坑底预留 10m～20cm，由人工修整。土方出土口边坡按 1∶3 开挖放在基坑南侧，出口坡面铺 30cm 厚砖渣，碾压密实，供运输车行走。西侧、东侧边坡按 1∶1 至 1∶1.2 放坡开挖，在开挖较深的位置原地面以下 3m 左右处设置 1m 至 2m 宽二级平台（需要降水的位置设置 2m 平台）。因施工季节为雨季，为防止边坡被雨水冲刷导致塌方，现场边坡采用喷浆防护，喷浆厚度为 8mm，强度为 C20 混凝土强度。

（4）挂网喷浆施工应先进行边坡挂网，铁丝网格为 0.05×0.05m，铁丝直径为 2mm，网片纵横向及纵向搭接为 20cm，网片使用直径 8mmU 型钢筋固定到边坡上，钢筋长度 25cm，0.5×0.5m 梅花形布置。喷射施工按区域进行，同一区域内喷射顺序从上到下，每次喷射的厚度不小于 30mm；喷射施工分三次进行，保证最终喷浆厚度 0.08m 以上。喷射混凝土时，喷头与受喷面保持垂直。混凝土终凝 2h 后进行洒水养护，养护时间根据气温确定。喷射混凝土厚度应采用钻孔检测。土方开挖后，应立即进行喷射混凝土的施工，防止土层失水。

二、基坑变形监测

（1）基坑变形监测目的是掌握基坑开挖及施工过程中支护结构的实际状态，并了解对周边环境的影响，做到及时预报，为基坑边坡和周边环境的安全提供监测数据。将监测数据与设计参数的进行对比，论证设计的合理性，并不断优化，确保能合理地安排下步工序，必要时及时修改设计，达到安全施工的目的。

（2）本工程监测要求包含以下内容：坡顶水平位移、竖向位移等应测项目；周边地表竖向位移及裂缝；地下水位。

（3）变形控制三级监测报警值：边坡顶部水平位移累计值小于 70mm，并小于 15mm/d；边坡顶部竖向位移累计值小于 70mm，并小于 8mm/d；基坑周边地表竖向位移，累计值小于 60mm，且小于 8mm/d。

（4）监测频率：在基坑未下挖时每 2 天观测一次；基坑开挖期间，应每天观测 2 次；在施工期间的观测间隔可视测得的位移及内力变化情况调整监测频率。遇到雨水天气，增加观测 1~2 次。监测报警条件应根据规范要求进行。

（5）施工现场设置 4 个以上可靠的变形监测基准点。监测期间，应定期检查工作基点和基准点的稳定性。基准点选在使用方便并且基础稳固的区域。

（6）基坑支护结构施工完成后，在沟槽内进行其他工序施工作业时，每天保证 4 次以上巡视支护结构稳定性。

三、深基坑防护及排水系统

（1）基坑顶部据东西侧 1.3m 设置挡水墙，挡水墙材料，砖 MU10 混凝土实心砖，水泥砂浆 M5。挡水墙抹面，15 厚 1:3 水泥砂浆抹面；挡土墙尺寸为 0.24m×0.24m。

（2）挡水墙内侧设置 1.5m 高的防护栏杆。

（3）沟槽底部以设计标高为基础设置 0.3m×0.3m 矩形排水沟。

（4）采用单排环型布置，利用单排井点降水，在沟槽两侧的二级平台上连续布置，边缘约 1m 处，布置井点吸水管位置。

（5）井点管设置外端露出地面 0.5m，滤管埋深度要在透水层内，水泵轴心标高与总管平行，总管具有 0.3%~0.555% 坡度。

（6）管道布置时先安装总管，再布置单个降水井点，主管和井点之间采用硬质弯联管连通。

（7）井点管采用水冲法布置。

（8）做好井点管的埋设和砂滤层的填灌，冲孔施工过程中，要保证孔洞垂直，孔径为 115mm，冲孔深度比滤管低 0.6m 左右，并填至滤管顶上 1.2m~1.8m。砂滤层填灌好后，距地面下 0.6m~1.2m 的深度内，用黏土封口防止漏气，井点系统全部安装完毕后，进行抽试，无漏气现象后方可进行降水施工。

（9）井点降水使用时，要不停进行观测，并调节水泵功率使抽吸排水保持均匀。正常的出水原则是"先大后小，先浑后清"。并经常检查真空泵的真空度。在抽水过程中，检查有无堵塞"废井"，废井数量增多后，会影响整套系统降水效果。系统不能正常抽水降水时，将废井所在井管拔出重新安装。

四、施工中安全保证措施

（1）施工前对施工现场内的器具设备及安全防护设施进行全面检查。确认符合安全要求后方可开工。根据工程实际情况制定安全操作细则，并向现场所有施工人员进行安全技术交底。基坑开挖前，要探明开挖范围内有无地下建筑物或管线设备。基坑放坡开挖，有不稳定土质时，应根据地质情况确定开挖坡度或支撑开挖，防止坍塌；坑顶 5m 内不得堆放材料、机具；各种施工机械在基坑顶操作时要有大于 2m 以上的安全距离。

（2）施工人员人身安全保证措施。

制定严格的规章制度，严格按规程办事，避免参建人员发生安全事故，确保人身安全。对每位员工都要进行岗前培训，考试合格后发合格证。严禁酒后作业，杜绝违章作业。班前进行安全讲话制度，进入现场佩戴安全防护用品，下雨天要有防滑措施。

（3）机械设备使用安全保证措施。

对工地内的机械设备及各种工具，要加强其日常保养工作，确保运转正常，杜绝意外伤害事故的发生。

施工作业前，机械操作人员首先听取施工技术人员现场交底和执行有关安全注意事项，并对机械作详细的检查，严禁机械带病作业、超负荷作业，不得随意扩大机械使用范围；夜间施工，应有充分的照明设施，照明设施不足不能施工。

临时供电线路，应用线杆架空固定，保险丝应按用电负荷配置，动力线路不得使用裸线，电气设备的金属外壳及支架配电盘等，均应有可靠的接地装置，露天设置的所有闸刀开关，设在闸刀箱外加锁，闸刀箱避雨安置，施工现场用电要保证"一机、一闸、一箱、一锁、一漏"。

（4）应急预案。

针对工地可能发生的突发事件处理原则为"预案先备、全程监控、预防为主、及时处理、措施得当、最大限度地减少损失"。

工程出现以下意想不到的意外事故、紧急情况时，要快速启动应急预案，果断、快速、准确地进行处理，消除隐患。监控系统报警数据——根据设计及规范要求以及本项目的监测方案确定监控标准后，一旦变形、沉降、受力等方面的监测结果接近预警数据时立即报警，启动应急预案。加强现场观察、巡视地表、当坡顶出现裂缝，基坑出现裂缝或沉陷、渗漏、涌流时，立即启动应急预案进行处理。杜绝事故的关键在于提前预防，当出现事故的苗头时就立即采取对策及应急措施，阻止事故的发展扩大。

（5）基坑顶防护方案。基坑四周1.5m之外用钢管连接围成护栏，间距2m，高1.5m，上下用涂有红白色油漆的钢管链接，并用防护网封闭，防护网外5m以内不得堆放各种物料，栏杆上设置反光警示标志。

（6）文明施工措施。施工用电要统筹安排，严禁乱拉乱扯电线，闸刀箱要上锁，带电部分要有明显的标志；工地现场要挂有文明施工标牌、条幅，采用多种形式向项目部成员进行文明施工教育，提高全员文明施工意识；在危险地带施工时，设立明显的标志，提醒施工人员和行人注意；施工完毕后，及时进行施工场地清理，施工机具堆码、摆放整齐，机械车辆停放有序，保证施工场地整洁、美观。

第四节　地铁深基坑开挖的监理控制要点

随着各大城市地铁工程的快速建设，深基坑工程日益增多，从而给现场监理人员的安全管理带来很大挑战。本节结合工程实例，从监理的角度出发，阐述了深基坑的开挖与支护在施工前及施工过程中的各项控制要点，可供相关人员参考。

近年来，为了缓解城市交通压力，各大城市都在大力发展轨道交通建设。明挖法作为地铁施工的主要工法，因其具有施工作业面多、速度快、工期短、易保证工程质量、工程造价低等优点而被广泛采用，随之而来的是深基坑工程的日益增多。深基坑的土方开挖及支护属于超过一定规模的危险性较大的分部分项工程，本节结合工程实例，谈一谈深基坑开挖与支护的监理控制要点。

一、工程概况

以某地铁车站东侧附属基坑为例。该基坑长 180 m，宽 28.2 m，深 14.3 m，采用明挖顺作法施工。基坑围护采用钻孔咬合桩（Φ800A 桩和 Φ1000B 桩间距 650 mm 布置）+2 道内支撑支护体系，其中 A 桩为无钢筋笼的素混凝土桩，B 桩为设有钢筋笼的桩。基坑竖向采用两道钢支撑，其中第一道支撑采用 609 mm × 16 mm 钢支撑，第二道采用 630 mm × 16 mm 钢支撑。基坑中部设一道临时立柱，临时立柱下面为 Φ1 000、桩长 8 m 的钻孔灌注桩，临时立柱嵌入桩内 3 m。该基坑为二级自身风险，无环境风险。

基坑范围自上而下地层分为：杂填土 1 层、粉质黏土重粉质黏土 1 层、粉细砂 2 层、黏质粉土砂质粉土 3 层、粉质黏土重粉质黏土 1 层、粉细砂 2 层、中粗砂 3 层、黏土 4 层。

基坑底部进入潜水 2 层，主要含水层有黏质粉土砂质粉土 3 层、粉细砂 32 层。场地附近无地表水。基坑外采用咬合桩进行止水，坑内采用疏干排水。

二、施工准备阶段监理控制要点

施工准备阶段监理控制要点为：①组织监理人员熟悉工程设计文件，了解设计意图，把握设计要求；②审查施工单位编制的深基坑土方开挖及支护安全专项施工方案，并参加其组织的专家论证会，会后督促施工单位按照专家意见修改完善专项方案；③编制深基坑土方开挖及支护监理实施细则并对现场监理人员进行交底；④审核施工单位报送的分包单位资质；⑤验收进场的机械设备；⑥对进场原材进行验收并见证取样送检，审查复试报告是否合格；⑦督促施工单位在施工区域挖探沟进行管线核查，并制定针对性的管线保护措施；⑧督促施工单位在基坑开挖前按照设计文件要求完成监测点的埋设，组织施工单位、第三方监测单位完成测点验收及初始值采集工作；⑨在深基坑开挖施工之前，项目监理机

三、施工过程中监理控制要点

（一）咬合桩及格构柱施工的监理控制要点

钻孔咬合桩是在桩与桩之间形成相互咬合排列来保证其整体连续性、密闭性的一种基坑围护结构。桩的排列方式为：一根 A 桩和一根 B 桩间隔布置，其中 A 桩为超缓凝 C20 混凝土素桩，B 桩为 C30 混凝土荤桩，均采用旋挖钻机施工，施工时先施工 A 桩，再在相邻两根 A 桩间切割成孔施工 B 桩，要求必须在 A 桩混凝土初凝之前完成 B 桩施工。B 桩施工时采用旋挖钻机切割掉相邻 A 桩相交部分的混凝土，实现咬合。其成桩顺序为：A1-A2-B1-A3-B2-A4-B3……。

钻孔桩放线定位时可根据现场实际情况及自身施工能力适当外放，以防止围护桩侵限。钻机的就位检查也很重要，钻机应就位在平坦稳定的地方，在钻进过程中不得随意移动，防止对中不准。在钻孔前检查钻头中心的对位情况，同时可用全站仪检查钻杆的垂直度，是否与钻机电脑显示相一致，如有问题及时校核。

钻进过程中要始终保持护筒内水位高于护筒底部 50 cm 以上，防止塌孔。成孔后监理工程师应检查孔深、孔径、垂直度及沉渣厚度，验收合格后才能吊装钢筋笼和灌注混凝土。

在该基坑中部沿纵向每隔 5.5 m 设置一根临时立柱。临时立柱主要包括格构柱和立柱桩两部分，上部格构柱为钢构件，下部立柱桩为 Φ1000 mm 桩长 8 m 的 C30 钢筋混凝土钻孔灌注桩基础，格构柱嵌入桩内 3 m，下部桩基础施工方法同围护桩施工方法相同。

施工中保证格构柱的平面定位和垂直度是控制重点，应确保格构柱的平面定位误差 ≤ 20 mm，垂直误差 ≤ 1/300 基坑开挖深度。

（二）土方开挖施工的监理控制要点

基坑开挖应遵循时空效应原理，按"纵向分段、竖向分层、由上而下、先撑后挖、分层开挖"的原则，纵向拉坡、横向开槽、分段开挖、严禁超挖。

基坑土方开挖必须按经审批的施工方案严格执行，不允许随意改变。若情况变化确须变动，必须重新编制（或补充）并经审查批准后实施。

基坑土方开挖过程中监理人员应对分层厚度、分区流程、分段长度、分段坡度、及时挖槽支撑、是否超挖等进行严格监控。

基坑土方开挖应根据监测信息进行动态监控，监理人员应分析研究监测信息，特别关注围护结构的水平位移、支撑的受力状况、坑外建（构）筑物的沉降、地表裂缝或沉降等情况。

基坑土方开挖机械不得碰撞围护桩、格构柱、钢支撑等支护设施。

严禁在基坑边 2 m 内堆载，基坑 2 m 外堆载不得超过 20 kPa。

坑内的积水应经常抽排。遇雨天时督促施工单位坑内应挖排水和集水井并及时排除积水。严防坑槽受雨水长期浸泡。

在基坑土方开挖中，若发现围护墙体有渗漏水特别是有夹泥沙混水流淌时，责令施工单位立即依照方案进行封堵。

当开挖至坑底时，督促施工单位留 30 cm 土用人工修挖，防止超挖。若遇不慎超挖，监督施工单位不得回填松土，必须用三七灰土回填夯实。

土方开挖至设计标高后应及时平整基坑，疏干坑内积水，验槽合格后及时施做垫层。

（三）钢支撑体系安拆作业的监理控制要点

钢支撑吊运必须使用与之长度、重量与安装作业半径相匹配的起重机，并配置与起吊吨位相适应的钢索吊具。在吊运过程中专人指挥，进行监控。

钢围檩、钢支撑等钢支撑体系的材料运至现场后应对钢管壁厚、型钢型号、是否有外表损伤、材质报告等进行检查，并要求施工单位进行试拼，在试拼时重点检查轴线偏差和接头质量。

第一道钢支撑安装在冠梁上，浇筑冠梁混凝土前需按设计要求准确安放预埋件。第二道钢支撑安装在钢围檩上，钢围檩采用两根 I45C 组合工字钢连续满焊。基坑土方开挖至每层钢支撑底面以下 0.5 m 时，应及时架设钢支撑。

钢围檩采用型钢三角支架安装在围护桩上，三脚架采用膨胀螺栓与围护桩硬性连接。钢围檩与围护桩之间灌注 C30 细石混凝土并捣实，使围护桩受力均匀，并且在细石混凝土强度达到设计强度的 80% 以后，施加钢支撑的预应力。

钢围檩段与段之间的接头要做到等强度连接。钢支撑连接也要稳固，连接螺栓一定要全数拴接，不能减少数量，以免影响拼接质量。架设后在两端用钢丝绳悬挂钢支撑及围檩在围护桩或冠梁上以防止脱落。

钢支撑安装的偏差值应满足设计和规范要求，监理应实测实量。杜绝偏心受力、杜绝活络头与预埋钢板不垂直不均匀接触情况。

对钢支撑施加轴力之前需将油泵与千斤顶组对与压力表进行标定，标定频率为半年或者使用达到 200 次。

钢支撑安装时，查看预加应力和复加预应力是否满足设计要求。钢支撑架设预加轴力分两次逐级施加。第一次施加到支撑预加轴力的 70%，静停 5 min，第二次施加到支撑预加轴力的 100%，千斤顶停止加压，在压力表读数稳定 5 min 后，且预加轴力与钢支撑架设轴力监测数据一致时用钢楔子将活动端锁定。

当昼夜温差过大导致支撑预应力损失时，督促施工单位立即在当天低温时段复加预应力至设计值。当围护结构水平位移速率超过警戒值时，可适当增加支撑轴力以控制变形，但复加后的支撑轴力和围护结构弯矩必须满足设计安全要求。

斜支撑应根据支撑轴力进行验算，监理人员应查看验算结果是否满足垂直和水平分力的强度要求。

格构柱上设置两道联系梁,联系梁采用双"H"45C型钢制作,联系梁通过钢牛腿与格构柱连接。在两道联系梁之间用2L80×10的角钢交叉焊接成剪刀撑,以确保格构柱与钢支撑连接体系牢固可靠。

钢支撑上不允许放置建筑材料和其他重物,在挖土或吊装下一道钢支撑时,严禁撞击已安装好的支撑。

主体结构混凝土强度达到设计强度的75%后方可拆除钢支撑及格构柱剪刀撑。拆除时应分级释放轴力,每次卸力不超过50%,停置2 min后继续卸力,避免瞬间预加应力释放过大而导致结构局部变形、开裂。

(四)基坑监测的监理控制要点

审核施工单位编制的监测方案中对施工区域地表沉降、支撑轴力、桩体位移、建(构)筑物沉降的监测内容和保护措施。

要求施工单位必须严格按设计及有关规范的要求进行施工,并同时加强对基坑和周围建(构)筑物的监控量测,及时反馈量测信息指导设计和施工。

监测监理工程师依据监测数据及现场情况,每日对监测资料进行对比分析,出现监测预警时,及时按预警处理办法的要求,通知总监理工程师,组织相关单位分析预警原因,制定处理措施,以确保现场施工的安全。

以上是围护桩+内支撑支护体系的深基坑在开挖与支护过程中的一些监理控制要点。在具体的实际工程中,还需要现场施工及监理工作者奉献大量的工作热情及责任心来为地铁建设保驾护航,从而共同见证我国的轨道交通事业稳定快速发展。

第五节 深基坑开挖与周围高层建筑沉降变形

建筑工程施工中的深基坑开挖对周围高层建筑的沉降变形影响较大,为了深入了解这一工程建设技术影响问题,本节专门结合某高层建筑工程及周边高层建筑环境概况,主要分析了它的深基坑开挖施工方案,对其施工中所存在的地表沉降观测结果进行了深度分析,结合有限元模拟计算分析给出高层建筑沉降变形影响结果。

某些建筑工程在进行深基坑开挖过程中会出现地表沉降变形现象,这是因为其建筑建设工程所在区域可能是软土土层,此时如果采用地下连续墙支护对土层变形进行控制会非常有效,它可将建筑物周围桩基基础土体水平方向变形差值严格控制在3mm范围内。随后再根据有限元模拟计算及相关分析可获得建筑周边的土体沉降变化规律,将工程建筑深基坑开挖所带来的周围高层建筑沉降倾斜度变形控制在规范限制范围内。

一、建筑工程深基坑开挖对周围高层建筑沉降变形的影响概述

当前建筑工程中地下工程建设规模逐渐扩大，建设密度也有所提升，其所带来的技术挑战与技术风险也与日俱增。在某些沿江沿海拥有软土土层地区，其地址环境相当敏感脆弱，这对建筑工程中深基坑的开挖施工非常不利，建筑工程整体建设难度极大。另外，再加之其建筑工程周边的高层建筑物集聚，因此深基坑工程的地下结构也变得非常复杂。究其原因，主要是因为建筑工程的深基坑开挖直接破坏了施工现场周围地基的原应力平衡场，导致周边土体应力的重新调整，造成深基坑周边地面出现了不同程度的沉降现象，其周边相邻建筑物地基也因此出现了不均匀沉降。

一般来说，在某些用有软土地质的区域进行施工过程中是必须在基坑开挖前对周边环境进行评估的，了解深基坑开挖工程可能会为周边环境所带来的影响，然后采取相应合理的技术措施加以调整修正。但考虑到本节所谈到问题的复杂性，因此传统中简单的分析方法可能无法达到技术要求。需要利用到更为精确合理的数值模拟方法即有限元模拟计算对高层建筑沉降变形影响结果进行分析并提出。就目前来看，许多建筑的基坑围护结构就包括了无支护放坡开挖结构、土钉墙结构、灌注桩排桩围护墙结构、水泥土重力式挡墙结构、钢板桩围护墙结构等等。这些结构建设中绝大部分运用到了深基坑有限元模拟计算方法，它对基坑开挖的稳定性研究相对透彻，也构建了土体模型，对深基坑工程中的变形问题进行了精准分析。

二、某高层建筑工程案例分析

（一）某高层建筑工程基本概况及周边环境概况

某高层住宅建筑拥有 33 层，它是以桩基础为主的高层 30 层高层建筑，建筑下部有地下一层，其深基坑深度大约 10m，宽度 24m。结合相关钻探资料及室内工程试验结果分析，该高层建筑工程所处土层属于人工堆积层，土质土壤整体表现软弱，在深基坑开挖施工中需要加以注意。

（二）某高层建筑工程深基坑开挖施工方案

某高层建筑工程的深基坑开挖采用到了盖挖逆作施工方法，主要是对其围护结构采用了地下连续墙结构。而其接头位置则采用了"十"字钢板接头施工，同时根据测量得出其地下连续墙厚度为 1.2m，在风亭、出入口位置均采用到了明挖法施工。另外在支护技术方法应用方面则采用到了高压旋喷桩止水帷幕配合内支撑、钻孔灌注桩等等支护方案。

根据一系列的观测分析发现该高层建筑的基坑变形等级为一级，它的地面最大沉降量在 0.1%H 以内（H 即为基坑开挖深度），其围护墙的最大水平位移量也在 0.1%H 以内（≤30mm）。在施工初始开挖过程中就对其地下连续墙结构进行了支护保护，配合逆作

法在建筑主体内部进行连续墙支撑保护施工，有效减少地下连续墙的变形情况发生。在持续施工过程中，建筑主体结构强度也在逐渐增加，逐步凸显其支护结构作用。

三、某高层建筑工程施工中的地表沉降有限元模拟计算

在该高层建筑工程施工中采用到了地表沉降有限元模拟计算方法，其整个建筑的基坑周边土体开挖结合实际地址情况进行属性分层模拟。在岩土体单元网格划分过程中，要保证它的单元间耦合情况，确保单元划分规整详细，以便于得到更精准的地表沉降观测数据。

在三维模型构建过程中，主要对其基坑围护作用进行分析，例如对它的抗拔桩与建筑主体地下水浮力作用中的上浮力进行分析，明确基坑周围土体变形关系，同时对建筑中主体板的各层桩连续垂直方向位置的约束力及位移进行分析，最终建立三维模型。

四、某高层建筑工程施工中的地表沉降有限元模拟计算结果分析

在针对某高层建筑工程施工中的地表沉降有限元模拟计算分析应该结合基坑开挖与支护主体之间的相互作用，即针对其变形受力情况进行分析，然后计算。从其计算结果中的深基坑结构应力变形数据来看，建筑本身的深基坑围护结构出现了侧向变形现象，尤其是坑内倾向位移变化较大，但各个位置的位移均被控制在可接受范围内。具体的深基坑土体变形也符合 Peck 公式中的一般变形规律。整体来看，该高层建筑的深基坑开发对其周边的高层建筑影响较大，因为其开挖面的土体水平位移变化曲线变化偏大，在深基坑开挖 4m 左右位置，高层建筑水平位移曲线与地铁深基坑维护水平位移曲线呈现"大肚状"变形结构，且已经出现了细微的平行位移变化，这符合 Clough 混合型曲线变化规律，这也说明该工程施工中所采用到的盖挖逆作法对周边高层建筑的土体水平位移起到了一定的抑制作用，这对周围邻近建筑物的保护非常到位。

在软土或土层强度较低、压缩性较高地区进行深基坑开挖会对周围高层建筑沉降变形产生重大影响，进而为深基坑施工过程增加一定难度，所以本节采用建筑工程施工地表沉降有限元模拟计算，希望对深基坑开挖中的围护结构地下连续墙土体水平位移变化规律进行分析，了解它的沉降变形差值控制范围，并合理控制深基坑开挖对周边高层建筑物所带来的实际影响。

第六节 深基坑开挖引发的环境工程地质

由深基坑开挖而产生的环境工程地质问题已成为当今相关部门亟待解决的问题。随着城市建筑的大量涌现以及高层建筑的不断建设，基坑深度也在不断地加深。本节阐述了深基坑工程中面临的一些问题，对深基坑开挖引起环境工程地质问题进行了分析，并基于此

提出了相应的防治措施，对以后的深基坑顺利施工具有一定的借鉴作用。

随着城市的快速发展，城市的土地面积逐渐减少，一些大中型城市超高建筑层数高于20层的逐渐涌现出来，而这些高层建筑均包含地下室，因而需要进行基坑的开挖。进坑开挖对周围环境生态，地质体等方面都会产生一定的影响，其中比较突出的是会引起一系列复杂的环境工程地质问题，而这些问题的严重程度与周围的环境、场地的地质条件和基坑开挖的深度等方面有着很大的关系。之前针对城市的环境工程地质问题探究比较多的主要涉及地下水过度开采导致地面沉降，像上海、西安等城市。这些问题的处理和解决是深基坑设计、相关管理部门需要持续关注和探究的。

一、环境工程地质问题分析

城市深基坑开挖导致的环境工程地质问题包括基坑边坡滑移、基坑涌水、流沙及其引起的地面沉陷等方面。平原区的地下水埋藏较浅，地层通常包括饱和淤泥质黏土和软黏土，中夹有细砂层。深基坑的开挖会引起地下水悬浮颗粒涌水和冒沙等严重影响。这都会造成施工过程难以进行，更加严重的会造成对周围建筑、管线等的不良危害。

（一）基坑边坡滑移问题

深基坑开挖通常采用垂直开挖方式，但如果没有有效的支持措施，边坡会失去稳定性并导致整体滑动。在有些采用支护措施的情况下，没有选择较合理的支护结构或者加上别的原因引起的主动土压力大于原定的设计值，挡墙也会产生整体位移，由于承受了较大的侧向力，迫使围护桩变形，坑底隆起，引起边坡产生了滑移。如汉口某工程基坑开挖的深度为6.0m，坑壁采用槽钢制桩成的悬臂式支护。钢桩能力不足在抗土压力方面，导致槽钢出现向坑内偏斜，坑顶则产生与坑壁方向平行的弧形拉裂圈，而且很多点状喷水冒沙在坑底产生，拉裂位移出现在坑顶，其对周围建筑物和地下管线都造成了不同程度大小的影响。

（二）基坑涌水问题

建筑物基坑开挖的深度如果低于地下水位时就会引起地下水涌入基坑。涌入基坑的水通常源于围岩和坑底。基坑涌水有时会造成坑壁失稳，或者因坑壁岩的产生，土体产生机械潜蚀，引起突然的大量涌水，使基坑淹没，基坑周遭土体流失以及沉降的后果。而且地下水位存在位置较浅，在进行深基坑开挖时会改变原来的地下水平衡，造成地下水向基坑内流入。值得注意的是，砂层具有较好的透水性，在基坑壁或底进行揭露砂层时，涌水会更加严重。如果对地下水采取相应的控制措施，将会严重影响施工进度。

（三）流沙及引起的地面沉陷问题

当土层中的黏土颗粒的含量<10%且粉粒颗粒的含量>75%或者在粉砂层会出现流沙

现象。对于流沙的形成是由于较大的基坑内外出现的水位高差，较大的地下水动水压力，动水会将粉砂冲流冒出，造成粉砂层的破坏。挖掘的流沙量越多会导致基坑外的附近地基出现沉塌。水位的降低会造成两种情况：处于土层中的地下水对地上建筑物的浮托力减小，软弱土层因受到压缩出现沉降；空隙水从土中排出会造成土体变形沉降。地下水位的降落量和地面沉降量是对应的关系，地下水位降落出现曲面分布一定会造成附近建筑物出现不均匀的沉降。随着这种沉降逐渐到达一定的程度时，附近的建筑物就会出现裂缝、倾斜和倒塌的严重后果。

二、防治的措施

深基坑工程的设计是需要以开挖施工中的许多技术参数为基础。预防基坑事故的发生最理想的办法是采用预防为主的方法，尽量减少直至消除环境工程地质问题造成的破坏。采取的防治措施一般可以归纳为以下几个主要方面：

（1）合理地进行土压力计算模型和选择合理的开挖、支护类型，这是对预防深基坑环境工程地质问题起到关键作用。由于在各地区的规范中土压力的计算和围护结构内力的计算会出现差异，设计者决策中个人意识局限性的影响和对土质条件的认识程度不同，以及在计算中不同的精度考虑，这些都会导致在设计中存在一些潜在的问题。针对这种现象，针对城市深基坑开挖工程，常常由专家会对地区施工指南进行编制且规定一定要通过专家组进行审核。比如在上海和武汉的基坑设计（上海地区 >7m 和武汉地区 >6m），只有通过专家组的审查之后才可开始施工。这些措施的实施由无数的实例中得到确实有效地防止了灾害事故的发生。在当前，块体模型计算、有限单元法、和其他数值法可以直接地通过计算机进行仿真来研究土体 - 支护体系两者之间的相互影响和变形，运用这种科学、客观、直观的分析手段为灾害事故的防治起到很好的作用。

（2）支护结构的施工质量应该需要改善，支护结构的渗水造成了坑外的水土流失和建筑物的沉降。主要原因是支撑结构的帷幕不密实或接缝处理不当导致漏水。在这种情况下，通常可以采取以下措施：堵塞地面上出现的所有裂缝，防止雨水或其他地表水流入间隙；清除坑周围的地面荷载，并尽可能多地移除泥土在坑的一边为了减小支撑结构上的横向载荷；情况严重时，应立即将土返回基坑。土层加固后，应再次开挖。基坑的内外边缘在滑动面上加固，根据现场展现的滑动现象，结合工程地质资料，可以估算滑动面的位置。加固方式可以是能有效提高土体抗剪强度的基础处理方法，如注浆，高压喷射等，也可用于沿滑动面加固抗滑桩；可以在基坑外泵送和钻孔，超过比基底标高，并通过泵或潜水泵泵送，改变地下水渗流方向，降低地下水位，防止流沙现象的发生。

（3）在降水井点与重要建筑物之间，回灌井和回灌沟的设置可以在降水补给时补充降水量，使基坑附近建筑物一侧的地下水位降落较大减少，从而控制地面沉降速度，使建筑物均匀的沉降。增加相邻建筑物一侧井间的间距距离，调整抽水设备的阀门，减少用水量达到降低降水率的目的；定期观察观测井和沉降、位移、倾斜等观测点。随时了解坑周围建筑物的水位下降和动态变化。同时，我们也必须了解抽水量和沙量，做好对危害的预防评估。

（4）这些年随着支护技术的不断进步和发展，支护技术经历了从单一的方法演变为多元化的技术的历程。自1995年以来，支护技术已经陆续适应不同的深度和地质条件而成功地被采用，如SMW水泥土连续墙、喷锚支护、钢内部支持和装配式钢内支撑。着眼保护周围建筑物出发，我们开始着眼于从被动支护转变为主动支换，并开发出不同类型的软托换技术。从井点降水来看，为降低地面沉降对周围环境造成的影响，在降水过程中在基坑周围设置适量的补给井，或采用密封减压，减压并采用脱水等手段。在环境工程地质问题的基础上，进行合理的支护设计至关重要。一些原有的深基坑开挖没有进行必要的支护设计或边缘开挖设计，导致一些重大事故。另外，在施工过程中信息化施工被强调，即在施工过程中应随时进行监测，如果发现问题应及时给出反馈，并对设计进行修改或补充以进一步指导施工工程。

深基坑工程通常位于密集的建筑物，地下管线等工程中。尽管这是一个临时项目，但其技术的复杂程度远远要高于永久性基础设施或上层建筑。在进行开挖基坑之前，必须进行缜密的地质调查，以分析和评估可能会出现的对环境的不良影响。基于此，进行合理的支护设计是必须具备的首要前提。在进行基坑施工的期间应及时监测，如果发现问题要第一时间做出反馈，以避免发生工程事故。对该类问题在实践中和理论上都应该加以重视，进行认真探究，能够进一步完善环境工程地质学的内容，最终能用于实际的问题上来。

第七节　基坑工程稳定与变形的若干问题

改革开放以后，我国城市建设越来越快，城市的基础建设、房屋建筑呈现出井喷似的高峰发展，许多大型的高层建筑、大规模的地下工程等等深基坑工程不断地创新纪录。然而各类基坑工程无论从安全、经济，还是从对周边环境的要求来说，都有不同的具体要求。虽然，我国面对这种情况，已经颁布了国家标准，各地区也先后实施了各自的技术规范，但基坑工程设计，由于其复杂性和难度高等因素，还是有很多问题，是相关部分需要研究的课题。

一、国内外基坑工程稳定与变形分析的研究现状

处在一个城市中心地带的基坑工程，一般周围的施工环境会非常复杂，那么在这类基坑工程设计中，为了防止基坑变形，基坑支护结构就要有强大的强度和稳定性。

从20世纪40年代到70年代末，国外很多相关专家就对软黏土深基坑的稳定和变形

分析进行过研究,在研究过程中,他们不断摸索,发现基坑开挖空间的大小、顺序和时间,都和软黏土中深基坑的稳定性和变形的尺寸有关系。国内一些专家在参考了国外研究成果后,也通过理论和实际,再一次证明了基坑空间效应和基坑工程对周边环境的影响。

国内有专家提出,深基坑设计,其实并不是之前所想的二维平面问题,其实是一个三维立体的空间问题,比较复杂。以前是在二维平面假设的基础上,利用朗肯压力理论对围护体系进行设计,这种设计过于保守,过于安全。但其实在设计施工中,应该有大胆的创新精神,应该充分利用空间效应的影响,在较短的边长开挖,同时考虑到基坑端部存在的固端作用,适当减弱基坑端部的支护体系强度,使围护设计更加经济。

二、对目前基坑工程坑底抗隆起稳定性分析

基坑工程在开挖过程中,土体的强度、设计支护机构的强度、雨水、施工震动,坑外严重超载等等内在外在的各种因素都会影响到基坑工程的稳定性。尤其是坑底隆起是发生最多,也是最常见的使基坑工程不稳定的破坏方式。因此,在基坑工程设计中,保证基坑有足够的抗隆起稳定性是非常重要的,也是保证基坑工程稳定安全,减少基坑围护变形的有效手段。

(一)基坑宽度

基坑宽度是对抗隆起稳定性进行分析的首要因素。在分析过程中,笔者通过基本算例,在保持其他参数不做变化的基础上,改变了基坑宽度。当嵌固深度小于基坑宽度后,基坑宽度对整个基坑抗隆起安全系数是没有任何影响的,所以,在算例中,只需要在基本算例的基础上,考虑嵌固宽度大于基坑宽度的条件。另外,汪夏法以及部分城市对基坑工程的技术规范中,是没有受基坑宽度的影响的,所以,计算出来的结果是固定值。

但淤泥土质和粉尘土地的地基基坑中,基坑宽度对抗隆起稳定性是有影响的。比如基坑宽度减小,基坑抗隆起安全系数就会增大,其安全系数的增长率会逐渐降低,从而减少基坑宽度对提高基坑抗隆起稳定性的影响。

(二)嵌固深度

在分析抗隆起稳定性中,嵌固深度也是一个重要因素。在基本算例中,变动嵌固深度,对基坑抗隆起稳定性的影响是这样的,不论是淤泥质土,还是粉土基坑的情况,嵌固深度都影响着基坑抗隆起安全系数,具体表现是,嵌固深度增加,抗隆起安全系数也随之增大;而嵌固深度和基坑宽度相同时,抗隆起安全系数增长的速度较慢,当嵌固深度比基坑宽度大时,抗隆起安全系数与嵌固深度的联系更为紧密,一般是随着嵌固深度的增加,增大的速度也会不断更大。因此,在实际的基坑工程中,可以利用这个特点,增大挡墙的插入深度,使基坑更加稳定。

（三）土体参数

在基坑工程中，土体的重度、黏聚力、摩擦角、泊松比、弹性衡量、固结历史等等土体的参考数据非常多。通过计算发现，假定的滑动面上的剪力提供了土体抗隆起弯矩，而土体剪力和水平土的压力系数和土体的强度数据有关系，所以，土体的强度深深影响着基坑抗隆起的稳定性。在围绕土体参数中黏聚力进行研究时，我们可以看出：土体黏聚力越增大，淤泥土质和粉尘土质两种条件下，基坑抗隆起安全系数均发生了和线性相近的增长，虽然增长幅度不大。在粉土基坑中，抗隆起安全系数从三点七六增长到三点九，增长了百分之三点七，而在淤泥土质基坑中，抗隆起安全系数从一点六八增长一点九三，增长了百倍之十四点九。这就说明，在淤泥土质中，土体黏聚力的变化对抗隆起安全系数有一定的影响。而在土体内摩擦角的基础上变化正负五度的情况下，随着内角增大，淤泥土质和粉土土质的基坑抗隆起安全系数都变大了，淤泥基坑的抗隆起安全系数从零点九三增至二点六四，增长了百分之一百八十三点九；在粉土基坑中，安全系数从二点九七增长四点七五，增长了百分之五十九点九。从这些变化来看，基坑抗隆起稳定性受内摩擦角的影响比受土体黏聚力的影响更大一些。

目前，我国通过对基坑抗隆起稳定性方面的分析和研究，已经出台了很多的规范和要求，但由于计算方法和种类比较的繁杂多样，对基坑抗隆起的安全系数的选择没有进行统一，这些都给基坑工程设计带来困难。因此，在基坑工程稳定与变形的若干问题上还要再进行进一步的分析，以便更好地为基坑工程设计提供参考数据。

第二章　深基坑设计研究

第一节　岩土地质深基坑设计分析

　　当前我国岩土工程逐渐进步，建筑的荷载亦逐步提高，对于基坑的负载需求有了显著提升。在岩土地质深基坑的施工中，需全方位勘察施工的场地，凭借勘察到的对深基坑的支护结构合理设计，确保深基坑施工可有序安全地开展，并确保工程整体的质量。

　　深基坑的支护施工于岩土工程当中属于保证深基坑施工重要的环节，深基坑的支护能确保施工过程中的安全，预防基坑出现塌陷的情况，所谓支护是主要针对基坑的侧壁加以保护与加固，以此来确保基坑稳定。现阶段城市的发展前景即开展地下施工，如此可使土地得到进一步使用。随着地下建筑的增多，对其质量标准也逐步提高，施工的深度亦逐渐加深，这就对相关技术有了更高的要求，所以，深基坑是在社会上引起了相关人员的高度重视。

一、岩土深基坑支护设计的关键点

（一）强度方面

　　对于岩土深基坑支护的施工，其强度属于至关主要环节，所以，在深基坑的支护设计中应保证其设计的强度与国家的有关标准相符。相关的设计与施工者对岩土深基坑的支护实施设计以前，应全方位检测深基坑的支护位置其水文、地质状况，经变形量与结构强度的核算，进一步确保沿途深基坑的支护强度。

（二）挖土设计方面

　　在对岩土深基坑支护进行设计时，应对挖土相关的设计加以重视。对于岩土工程来讲，其深基坑的开挖深度标准较高，在土方的挖方量方面较多，如此便需要提升岩土深基坑的支护的设计与技术来满足当前的发展需求。若想将岩土深基坑的支护施工处理好，需在其挖土设计方面做进一步优化。

（三）支护结构的变形方面

岩土深基坑的支护作业，极易遭受人为与外界等方面的影响，造成支护的结构出现改变，此改变能够在一定程度上对岩土深基坑支护在安全方面的性能造成影响。因此，在开展岩土深基坑支护设计的时候，务必对各方面的因素加以分析，及时防止因可控因素而造成影响。此外，因为在岩土深基坑的支护过程中会发生变形的情况，因此于施工之前需对其做进一步考虑并加以分析，将相关计算处理好。

三、深基坑支护的设计形式

（一）锚杆支护

锚杆支护是深基坑支护中的一个支护技术，锚杆支护是采取主动形式对深基坑内岩土进行加固。于深基坑的施工当中，选择锚杆器材并把其镶至岩土内，再与支护设备另外一端相连接，另外再给予相应预应力，确保深基坑支护的效用。锚杆支护具备独特的优点，其对于环境的适应较强，深基坑的深度对其不会造成影响。所以此技术得到了较为广泛的使用。然而应当注意的是，锚杆支护不适合在含有机质较多土质里使用。

（二）排桩支护

在深基坑的施工中运用较多的另一个支护技术是排桩支护，其支护的器材有防渗帷幕与支护桩。为在挡土方面达到更好的效果，可选择钢筋砼灌注桩，且把灌注桩于深基坑边上合理的安装，使其成为排列的支护桩。排桩支护于施工当中无噪音且操作较为简便，给四周环境造成较小程度影响，所以具备的刚度比较强。此技术于深基坑支护当中使用的也较多。在进行排桩支护的时候，按照场地切实地情况选择搅拌、喷桩及高压灌浆等，能够对深基坑在稳定方面的性能有利，且能够达到优良的支护作用。

（三）地下连续墙

地下连续墙支护一般是于超出 10m 的基坑内使用，地下连续墙支护能够对地下管线在铺设时出现的沉降与边坡土体出现的移位等情况起到有效抑制作用。所以，若是工程项目对于沉降、位移的管控标准比较高或是周边建筑物比较多的时候，最好是选择此支护结构。

（四）土钉墙支护

土钉墙的支护是将土钉砸至基坑的边坡土体内，经原位的土体与土钉相互结合来加固土体。土钉采用细氏的杆件，砸至原位的土体内，相邻土体内土钉间需有相应的间距，确保土钉紧密，从而使土体结构在稳定方面的性能加以增强。

四、深基坑支护在设计方面的问题及优化对策

(一)深基坑支护在设计方面的问题

1. 开挖方面

在基坑开挖过程中,支护结构大部分是在基坑比较长的边出现位移的情况,中间部位出现的最多,短边的部位出现的较少。基坑深度与平面的形态对于基坑支护出现的形变情况与其稳定的性能影响比较大。当前在深基坑支护的设计方面还未对深基坑开挖方面的问题进行进一步的分析与思考,仅根据平面应变的设想对深基坑的支护结构进行设计。

2. 力学方面的参数

在开挖深基坑时,在地质上会不断地出现变化,从而使摩擦角、含水率及黏聚力等物理力学方面的参数出现变化,此状况提高了土压力在计算方面的困难。另外,基坑施工的工艺、支护结构的形式能够跟着力学方面参数的改变而发生一定的变化。所以,采取的力学参数属于不确定的因素之一,相关的设计者应当按照切实的状况来进行合理的选取。如果相关的设计者无充足的经验及技术素质较低等,那么设计时无法在力学方面选取合适的参数,使设计无法满足施工的需求,从而对施工的整体质量造成影响。

3. 土体取样方面

相关的设计工作者应当对地基土层的土体取样且经过一系列分析之后,来保证取得科学合理的力学参数,给深基坑支护的设计以准确的数据信息做参照。按照国家相关的取样要求,需尽量较多的钻孔来降低勘探的工作量与工程成本。但是,因为地质结构自身具有一定的复杂性,取得的试验土样有着一定的随机性,使实际要求不能得到满足,从而造成支护的设计和实际的情况不相符。

(二)优化深基坑支护设计的对策

1. 改变设计理念

现阶段,我国在深基坑的设计方面还未有相应的规则与要求,通常是采取库伦与朗肯的理论对深基坑的结构进行设计。在支护桩的计算当中,通常选择"等值梁法",然而采取此方式计算可能造成计算结果准确度较低、增加施工的成本等的情况出现。所以,相关的工作者应当健全深基坑设计的规则与改变设计观念等,按照工程自身特征与标准对深基坑相关施工开展科学合理的设计,并于施工中按照工程的施工特征,选择科学合理的对策来确保深基坑施工的质量。

2. 优化支护结构的合理

深基坑支护自身结构的合理程度与工程整体质量有着直接的联系。所以,相关的设计工作者进行岩土深基坑的设计时,应当将实际情况与相关理论相互结合,确保其设计科学

合理，完成设计后，应当运用辩证方法来对岩土深基坑的支护与四周环境间所存在的关联加以论证，由源头上进一步优化支护结构确保其科学合理。

（三）强化深基坑支护变形的观测力度

深基坑整体的质量在一定程度上受到深基坑支护的变形情况影响，深基坑支护的变形主要是观测深基坑四周建筑物、边坡以及地下管道变形的状况。对于深基坑支护变形的观测是主要获取部分基坑支护的数据信息，并对此数据加以分析研究，如此便可对深基坑支护现实使用的状况进行有效的估量，从而合理解决基坑支护出现的变形问题，进而保证深基坑施工的最终质量。于此施工当中，工程作业人员应当严格按照相应的标准要求进行，提升自身技术素养，应用科学合理的工艺与技术来准确估量与观测深基坑支护的变形情况。

深基坑属于较为复杂且风险比较大的施工，所以为确保深基坑施工的整体质量，应当对深基坑支护设计与施工的情况加强注重力度，工程设计工作者需要按照工程实际的特征与环境来科学合理地设计深基坑支护的结构，并且相关的管理者需在施工中加以合理的管控与管理，透彻至深基坑支护各施工环节当中，确保各环节的施工科学合理，进而确保工程整体的质量。

第二节　软土地基中深基坑设计

工程项目施工建设过程中难免会遇到软土地基，对深基坑进行优化设计以及有效处理过程中，应当综合考虑工程项目所在地区的环境和工况条件。本节先对软土地基中的深基坑设计以及处理问题进行概述，并在此基础上以某工程项目为例，就如何进行设计和有效处理，谈一下个人的观点与认识，以供参考。

随着建筑行业的快速发展，为数不少的工程项目需建在软土地基上，然而软土地基自身的承载能力非常有限，必须采取有效的方法和措施对其进行有效处理。对于深基坑工程项目而言，其施工难度相对比较大，而且受制因素较多，在对其进行改善之前应当进行工况调查研究和优化设计，以确保施工方案切实可行。

一、深基坑优化设计与常用的处理方案分析

就现阶段国内常用的深基坑处理措施来看，常见的支护方式主要有以下两种：

第一，支挡型支护处理方式。一是，地下连续墙施工模式。该种深基坑处理方式适合于深度不同的基坑工程项目开挖，其经济性以及技术性较之于其他技术方法非常的显著，对周围的建筑物以及构筑物等不会产生较大的影响，可适用于多种地质条件。对于地下连续墙而言，其作为一种有效的支护结构，无论是抗弯刚度还是防水性能等，应用效果都非常的显著。二是，桩排支挡施工模式。软土地基深基坑处理过程中采用连续桩排技术方法

时，因软土基坑施工时无法形成良好的土拱边坡，而且基坑支护时以密集桩排较为合适，在临桩之间利用素混凝土褡裢钻孔桩，有利于形成与挡土墙功能一致的连续墙。就双排桩而言，拟建工程地质相对较软时采用单排桩施工方法及其侧向刚度难以有效适用基坑变形情况，建议采用盖梁双排桩对基坑进行支护处理。

第二，加固型支护处理方式。一是，网状树根桩施工技术。软土地基深基坑处理过程中，将树根桩以及基坑边坡土体联合起来，形成复合桩体结构形式，有利于增强整体结构稳定性，而且可以有效抵抗土基坑侧向压力。二是，水泥搅拌施工技术。该种施工技术手段在深基坑处理过程中可以起到很好的加固支护效果，而且施工流程非常的简便，采用一定强度的搅拌桩搭接起来即可成稳固的支护体系，对坡边土体进行加固处理。三是，高压旋喷桩施工技术。较之于上述集中施工方法，采用高压旋喷桩对深基坑进行加固处理时，主要考虑其强度，尤其是水泥含量较高，适合于地基过软的建筑工程项目深基坑处理。

二、软土地基深基坑设计以及处理技术应用实践

以某基坑工程为例，拟建工程所在地区的岩石埋深相对较浅，而且软土较为局限。本地区的软土含水率达到了 40%，其中粉土以及粉细砂的塑性较差，具有明显的触变性。对于本地区的软土基坑工程项目而言，该层通常是造成基坑失稳以及严重危及环境安全的主要致害因素，同时也是深基坑设计以及处理的重点。

（一）设计与处理

对于本工程项目而言，在勘察之前应当首先进行实地踏勘，对本地区的软土分布状况进行综合把控，针对性地设置土工试验以及原位测试方案，其中软土分布特点、厚度以及物理力学指标等时重点。土方开挖操作过程中，需对施工工序进行严格控制，分层、分段进行开挖和支护，避免出现超挖现象，更不能在无支护条件进行开挖作业。如果软土中的含沙量较高或者地下水较为丰沛，则基坑中需利用潜水泵等进行预先降水处理。

该深基坑处理过程中，主要采用以下集中支护方式进行处理。第一，深层搅拌桩重力式挡墙。基于机械搅拌技术工艺的应用，将适量的沙土以及水泥等与软土强制性拌和在一起，形成坚固的桩体结构；同时，根据工况特点在桩内可以插入 H 型钢或者钢管等，使其成为牢固的加筋水泥土桩，这有利于桩体抗变形能的增强。第二，排桩、锚杆支护方式联合使用。由于该工程项目所在地区的软土分布区域局限性非常的大，而且相对较薄，加之基岩面埋深较浅，采用排桩+锚杆的处理方式非常可行。由于锚杆蠕变效应会损失锚杆预应力，因此实践中应当适当加大锚杆角度，确保锚固段能够进入可提供锚固的岩层。对于软土较薄以及基坑开挖施工深度相对较大的地段，可以采用该种技术方法进行有效处理。第三，放坡与喷面防护联合使用。对于基坑开挖操作深度不大的地段，可利用放坡+喷面防护的方式进行处理，其中放坡比例按照 1：1.5 至 1：1.2，而且坡脚位置应当反压沙袋，堆放高度为基坑开挖深度的三分之一。同时，坡体中应当插入杉木杆，也可以插入脚手架

等，目的在于增强坡体结构的稳固性以及整体性。第四，内支撑与钢板桩联合使用。钢板桩具有挡水以及挡土双重作用和功能，而且机械化操作性能较强，具有施工方便以及工期短等优势，同时桩可重复使用。然而，受内支撑限制以及软土蠕变等因素的影响，通常钢板桩的变形量较大，基坑开挖作业深度不超过 8 米。

（二）地下水处理

本工程所在地区的淤泥以及淤泥质土中富水性较低，而且渗透系数非常的小，基坑降水时易产生水头差，不利于支护。根据勘察结果预估本地区基坑降水量，如果软土渗透系数超过 0.1m/d，则应专门采取止水措施与支护措施，比如利用深层搅拌桩重力式挡墙以及旋喷桩止水帷幕等。深基坑设计之前应当对现场工况以及土层物理力学特征等进行综合分析，结合基坑的深度等因素选取合适的止水方案。在基坑开挖之前，应当先对基坑内进行预降水处理，本工程采用集水明排以及预设降水井方式均可，在地下水处理过程中应当将降水、止水两种措施结合起来使用。

总而言之，科学合理的设计是保证软土地基中的深基坑处理工程顺利进行的基础，在拟建工程项目深基坑处理方案设计过程中，设计人员应当亲自到达实地进行勘探，对施工现场的情况进行全面把握，尤其是拟建工程所在地区的地形地貌以及周边环境和水文条件等。通过该种方式设计的施工图更具科学合理性，而且对后续的施工作业具有显著的指导作用。

第三节 深基坑设计与地质条件

深基坑的支护是建筑基础的一项重要的内容，无论是在建筑、水利或者是采矿和发电的工程项目中，在设计上都是必须要严格把握的。深基坑的支护问题在技术上要求高，并且施工技术操作复杂，同时涉及了诸多的内容，因此在支护的工作中不单单需要工程操作技术过硬，同时还要求工作设计人员要对深基坑的场地以及工程位置的水文地质和地理环境充分的了解后，综合考虑实际情况，制定出一个合理科学以及可行正确的支护方案，这项工作在深基坑的支护施工的全过程以及建筑的基础建设上的意义深远。

一、设计要点

深基坑的建设在现代的建筑中期设计是建筑基础施工的主要保障和技术依据，并且由于深基坑的支护在设计上本身就具有难度大，专业性强的特点，这就需要建筑工程的技术人员具有专业的技术素质，这样才能对工程的设计以及操作的科学性以及可操作性进行有效的保障。在设计要点上深基坑支护的设计要求主要有以下几点：

（一）在挖土作业的设计

深基坑主要的环节就是挖土施工作业，因此在对挖土施工进行组织和设计时需要进行综合性的考量。首先在对于深基坑的支护工作的施工需要做的就是在地下十几米至几十米的地方进行挖土操作，这种施工必然会存在危险性，因此对于施工的技术要求比较的严格，若是在施工时没有一个合理有效以及科学的组织安排计划和设计，是不能够对工程的顺利完成有所作用和保证的。因此，在对于深基坑的挖土施工的设计中，需要对施工主体、项目、责任人和监理进行有效明确的确定以及工作的内容和责任的认定等。

（二）计算结构变形

在深基坑的支护施工中由于受到外界因素的影响，对于支护会有应力产生因而会出现结构上的变形，这就要求设计人员在对于施工的设计时对此类原因进行考虑，从而对可能出现的变形量进行正确的计算，这种计算要对项目的数据和结果的真实以及准确度予以保证，才能有效地应对突发事件，对方案进行有效快速的反应以及整改。

（三）强度设计

坚固的支护设施使得深基坑的结构能够满足施工设计的需要，因此也是在基础施工中需要得到关注的设计问题。同时，这也是工程建筑的项目施工的重要部分，支护强度能否达到国家的工程标注，能否达到相关的工程技术质量的要求，是直接影响到整体工程项目的质量以及耐腐蚀性和使用年限这些问题的关键。支护的强度同样需要进行多方面因素的考虑，设计人员需要对工程的现场情况进行全面的掌握，地质条件、水文条件都是会影响到支护强度的因素，并且需要结合实际的工程需要对建筑的材料进行把握，只有如此才能对支护的结构进行保证，使得其强度可以达到施工要求。

二、深基坑的支护设计在不同地质条件下的区别

深基坑的支护往往需要考虑很多因素，不同环境不同的条件下开展工作也不同，进行的方式也不同，所以设计人员要充分地考虑到各地的实际情况，根据地质特点进行支护的设计重点把握，从而保证设计系统方案的科学性与完善性，以便使得设计更好的应用在深基坑的施工中，深基坑的支护更好的服务施工建设。这个重点主要可以总结为下述几点：

（一）淤泥质黏土地质环境

淤泥质的黏土地质主要是在大中型的江河湖泊的周边较为常见，这种地质的形成是由于河流的冲刷所带来的淤泥堆积而形成的。淤泥质的土壤含数量较高大约在40%-50%之间，而空隙则在1.2-1.6，较之普通土层的压缩性要高一些，但是相对的抗剪力较低。因此在此类土质环境下的深基坑支护的设计就需要施工人员对操作流程的注意以及对挖掘机应用的保证，这在设计中是需要有针对性的制定出相应的解决方法和措施的。淤泥质的土质

在开挖深度上要小于6米，当然根据工程的需求这个深度要控制在6-10m之间，如果超出这个范围，在施工上就会难以保证施工安全。

（二）软土地质环境

软土分布地区一般在降水量的区域，因此含水量也较高，土质较软，在深基坑的支护设计中需要对其性质偏差予以考虑，需要对基坑的硬度以及强度加强工作进行主要的把握，必要时应当对较软的土质进行加固，以确保整体施工的稳定和安全。

（三）填土的深基坑支护设计

目前，填土的深基坑支护设计是国内较为常见的地质条件之一，具有较强代表性与典型性。填土层的地下水主要有三层，即上层滞水、潜水和承压水。还要充分考虑到由于地下水的流动与冲刷对支护系统的腐蚀，要采取有效的措施排除深基坑中的存水量，确保深基坑施工中施工人员的安全，以及机械设备的稳定。

三、不同地质条件深基坑支护设计技术的科学发展

现代社会是一个科学技术高速发展的新时代，一切事物的发展都着重强调科学发展的全新理念。在未来的社会中，敢于创新、勇于探索的科学发展理念将是一切事物发展与进步的强大动力与源泉。近年来，我国不同地质条件深基坑支护设计技术已经在相关技术人员，以及建筑行业专家、学者的共同努力下取得了很大幅度的提升，并已初步形成了一套较为完善的设计技术理论与实践经验，但随着时代的发展，以及科学技术的不断进步，国内现行的深基坑支护设计技术已逐渐难以适应现代建筑工程的实际需要，因此，不同地质条件深基坑支护设计技术的发展也一定要坚持科学发展的理念。

随着建筑行业的不断发展，深基坑作业环境也在不断地发生变化，越来越多的施工项目需要在地质条件极为复杂的地区进行。传统的设计理念与技术已经难以适应现代不同地质条件的深基坑设计工作的实际需求了，必须适时进行革新与完善。不同地质条件的深基坑支护的设计要坚持与时俱进、创新发展的科学理念来进行实践与工作。同时，深基坑支护设计人员只有在日常工作中注重自身知识的积累，并不断吸取国内外先进的设计理论与知识，才能逐步具备更高的技术水平与能力，更好的满足于建筑工程深基坑支护设计工作的实际需要。不同地质条件的深基坑支护设计技术是现代建筑行业设计技术的有机组成部分之一，深基坑支护设计技术在得到科学发展的同时，也就必然的在客观方面推动了建筑工程行业整体设计与施工技术的发展与进步，由此可见其所有的意义是十分深远和重大的。

第四节 紧邻既有线深基坑支护设计

随着地下工程的大量建设，紧邻既有轨道线深基坑施工已经成为新建地下工程研究的重点。文章结合工程实际，通过合理的基坑支护设计和施工部署，综合考虑工期和安全保护要求，充分利用各种有利条件和科技手段，确保了施工期间既有轨道线的结构安全，对相关类似工程具有十分重要的借鉴意义。

随着经济的发展，大量高速铁路、地铁项目的开工建设，不可避免的出现紧邻或者穿过既有轨道线路施工的情况，且既有轨道线路一般处于运营状态。而新建工程施工引起的土体沉降可能危及周边既有轨道线的安全和运行，甚至可能造成严重的经济损失和社会影响。如何保证施工期间周边既有轨道线路的安全和正常运行，已成为地下工程工作者必须解决的问题。

一、工程概况

北京某新建地下工程位于两条轨道线路之间，与周边既有轨道结构净距约1.5m，开挖深度约-19m，地面标高约-1.2m，地质条件主要为砂性粉土、黏性粉土、粉质黏土、细砂、砂质粉土等土层。

二、计算方法的选择

目前，国内外对紧邻既有线施工研究分析方法主要有模型试验法、经验预测法和数值模拟分析法等。其中，数值模拟分析法是地下工程支护设计计算的常用方法，本工程采用FLAC3D3.0有限差分软件进行支护设计的模拟分析。

三、支护方案的确定

新建地下工程对既有轨道线路的影响主要取决于新建地下工程土方开挖施工时对土体产生的扰动和变形的大小，因此，支护设计的重点在于消除或减少土体扰动和变形。同时，结合工程周边两条轨道线的实际建设情况：两条轨道线完成结构施工，正在进行铺轨或评估结算，尚未正式运营通车，这是本工程支护设计的一个有利条件。

（一）变形控制值的确定

变形控制值是保护周边轨道线结构安全的基础，进行支护设计，首先应确定周边轨道线的变形控制值。结合工程地质勘查报告，同时考虑周边两条轨道线路尚未正式运营通车的有利条件，充分利用周边两条轨道线铺轨前的这段时间，确定两条轨道线路变形控制值为 10mm。

（二）支护方案的确定

确定变形控制值后，支护设计方案围绕如何满足变形控制值要求展开。

本工程基坑支护设计应满足两方面的要求：一是周边两条地下轨道线的结构安全要求；二是基坑开挖自身的安全要求。其中，周边轨道线结构安全的要求是本次支护设计考虑的重点。同时，因本工程需充分利用两条轨道线铺轨前的这段时间进行施工，支护设计还应满足工期的要求。

根据支护设计安全要求的不同，基坑支护可分为两种类型：一是为保护既有轨道线而设置的围护结构，主要利用既有轨道线围护结构，并采用桩锚、双排桩和土体加固组合形式对既有结构（包括支护结构）进行保护；二是本工程自身基坑支护，主要采用桩锚支护、悬臂桩支护和放坡简易支护三种形式。支护设计的重点是第一种类型。

左侧轨道线一支护设计：理由既有轨道线桩锚支护。

右侧轨道线二支护设计：利用既有轨道线围护桩，并对右侧两条轨道线间进行土体加固宽度，深度 20.0m，平面格栅式布置；并在上方加设 300mm 配筋垫层厚度。

（三）支护施工方法的确定

左侧轨道线施工采用的为桩锚支护，明挖法施工；右侧轨道线施工采用的内撑法，明挖法施工。综合考虑基坑支护设计和工期要求及两条轨道线项目进度，本工程采用明挖法施工。

四、基坑施工要求

（一）基坑开挖要求

本工程基坑开挖施工应按"先撑后挖，先深后浅，分层开挖"的顺序进行，土方开挖过程中，插入支护锚杆、桩间混凝土喷层、护坡、工程桩等工序的施工；并严格按照基坑支护设计要求分步开挖：

第一步：开挖基坑至两侧轨道线回填标高位置，并截断原有围护桩，在此标高上打设工程桩；

第二步：采用三轴搅拌桩/高压旋喷桩加固地层，做桩顶冠梁、拉梁及配筋垫层；

第三步：基坑开挖至设计标高。

（二）施工重点和难点分析

1.如何保证周边结构安全的同时保证本工程施工进度

本工程施工最大的重点和难点在于既要加快施工进度，又要保证两侧既有轨道线的安全；施工速度慢，两侧轨道线如进入试运行阶段，现有支护设计将要重新设计，并大幅度增加工程造价；而过于加快工程进度，将对两条既有轨道线造成不利影响；进度和对既有线的保护要同时满足。通过优选支护设计方案，并优化施工工艺，满足工期和安全的要求。

2.周边轨道线保护要求高

本工程最大的安全风险在于周边轨道线的安全保护。首先，明确两条轨道线路保护标准。然后，以该标准为依据，充分考虑周边有利条件，并最大可能的利用原有维护结构，将对周边工程的影响降到最低；同时，加强施工技术交底和监测，做到信息化施工。

3.工期紧张，工序繁杂，场地环境复杂

因工期紧张，土方开挖、支护桩及土体加固、降水、基础桩施工穿插进行，工序繁杂，合理的前期策划和施工部署是保证工程顺利开展的基础。

同时，周边两条轨道线施工尚未全部完成，不同工程间交叉施工多，而三个工程又分属不同的单位，场地环境复杂、协调工作多、难度大。建立顺畅的联动和沟通机制，是工程顺利进行的重要保证。

五、施工监测

本工程工期紧，施工难度大，工序复杂，安全保护要求高，对施工监测提出了更高的要求。监测分为基坑监测和周边既有轨道线结构监测两部分，其中周边既有轨道线结构监测是工作的重点。

（一）基坑监测

基坑支护结构及周围环境全面监测内容包括：支护结构顶部水平和沉降位移监测、地面沉降监测点、支护结构深部水平位移、锚索拉力监测点、地下水位观测点等。

（二）周边轨道结构监测

周边既有轨道线结构监测主要内容包括：结构竖向位移、结构水平位移、相对收敛、裂缝等。

（三）监测的要求

周边轨道线结构监测应从测定监测项目初始值开始（初始值应在外部作业实施前测定，应至少取连续测量三次的稳定值的平均数作为初始值），至外部作业完成且监测数据区域稳定后结束，且初始值应经过各相关方确认。

基坑施工前应对周边建筑物的现状做好调查及取证工作，以免产生纠纷；周边建筑物的报警值应结合建筑物的裂缝观测确定，并应考虑建筑物原有变形与基坑开挖造成的附加变形的叠加。

监测数据必须做到及时、准确和完整，并及时通报各单位；

采用信息化动态施工,即以现场量测为手段,以量测数据为依据,指导后续的施工。

本工程通过合理的支护设计组合和现场统筹协调以及信息化动态施工管理手段,确保工程施工期间周边轨道线的结构安全。

本工程基坑支护设计方案复杂,施工难度大,工序交叉多,对设计和施工人员都是一个巨大的挑战,工程取得的相关成果,对后续紧邻既有线施工具有一定的借鉴意义。

第五节　丘陵地带深基坑支护方案设计

以残积土、强风化灰岩组成的基坑为研究对象,借助于理正软件计算土抗力弹性系数,经多个剖面反复计算,选择桩锚、排桩、土钉墙、放坡开挖等多种方式综合的基坑支护方案,并提出支护简要的施工要求。

随着基础设施的大规模建设和城镇化进程的不断推进,出现了大量的深基坑。在建筑密集地区,基坑围护结构除了要保证基坑安全外,还要能有效地控制基坑变形以保证周边建筑和环境的安全。采用适宜的方法,准确地计算基坑围护结构的内力和变形是保证基坑安全和控制基坑变形的基础,也是基坑设计的重要内容之一。蔡露等结合其他学者的常规强度试验结果,分析土体破坏的微观机理,通过分析总结和理论推导得到可以考虑土体特性的各向异性不排水抗剪强度理论公式,最后结合工程实例,验证了公式的适用性。应宏伟等对不同宽度的深基坑进行数值模拟,得到坑底潜在隆起滑裂面的分布规律,并提出了考虑基坑宽度影响的基坑坑底抗隆起稳定分析模式,基于有限土体的被动土压力研究,修正了狭窄基坑被动侧的被动土压力系数。本节以昆明某深基坑为例,通过对该基坑工程地质环境进行研究,提出该基坑的最优支护设计方案,对相似地质条件区域的基坑工程提供参考。

一、工程概况

项目建筑场地位于昆明市东二环和东三环之间,拟建建筑物结构形式为框剪结构。地下室基坑宽约 131～140m,长约 137m,周长约 532m,基坑面积约 17 504m2,预计开挖深度为 9.0～14.0m,开挖深度大。基坑北侧为 13 层住宅建筑,建筑物下无地下室,距离基坑边缘约 21m;南侧基坑开挖线距地铁 3 号线太平路站 15～20m;西侧为多、低层民房,距基坑开挖线 10～20m;东侧基坑开挖线距寺瓦路 10～20m。总体上来说,基坑周围环境条件复杂,又是深基坑,对基坑支护要求较高,影响较大。

二、地质及水文条件

本场地位于昆明断陷湖积盆地北东部边缘的丘陵地带,地貌上属风化剥蚀残丘地貌,场地总体现状地形北高南低,地形起伏较大。场地地基土总体为3段,表层不等厚的杂填土,中上部坡残积含碎石粉质黏土,下部基岩为泥盆系宰格组灰岩。基坑开挖深度范围内不利于基坑侧壁稳定性的地层为杂填土层和可塑状态粉质黏土。钻孔揭露的40m深度范围内除第一层的杂填土中局部存在上层滞水外,无岩溶裂隙水。地下水量不大,对基坑开挖有利。

三、基坑支护思路

(一)支护方案

本基坑支护周长约532m,根据基坑开挖深度、场地地质及周边环境条件,划分10段进行支护,采用K法、M法计算土抗力弹性系数,利用理正软件反复计算确定基坑支护结构为:基坑北侧及东北侧桩锚支护,西北侧、东南侧排桩支护,其余段分级放坡+土钉墙支护。具体支护型式有:①基坑北侧及东北侧,下段采用旋挖灌注桩+3~4排预应力锚索,桩长为15~18m,桩径□1 000,桩间距1.4~1.5m,桩顶设冠梁联系。上段喷锚支护采用□48mm、δ3.5mm钢花管土钉墙;②基坑西北侧和东南侧:下段排桩为旋挖灌注桩,桩长10.0~11.0m,桩径□1 000,桩间距为1.4m,各桩桩顶设置冠梁联系,上段采用放坡支护,高宽比取1∶1,放坡台宽为1.3~2.0m;③其余段:分级放坡支护,上段宽高比1∶0.8~1∶1.2,中段、下段都为1∶1~1∶1.2,分级台宽2~3m。

(二)支护施工要求

放坡喷锚段:坡体击入□48mm、δ3.5mm钢花管,梅花形布置,花管注浆采用水泥浆,水灰比为0.5,注浆压力为0.5MPa。坡面作挂网喷砼防护,喷射砼(细石混凝土)强度等级为C20,厚度为100mm。

分级放坡段:坡面挂钢筋网喷射砼(细石混凝土)面层护坡,砼强度等级为C20,厚度为100mm,分两次喷射,初喷30~40mm,安设钢筋网后终喷到位,要求喷层混凝土初凝小于10min,终凝小于30min。剖面设置□16mm钢筋插筋,长度1.0m,间距为1.0m。

旋挖灌注桩:桩身混凝土C30,钢筋保护层厚度为50mm,钢筋搭接长度为主筋直径的5倍,采用双面焊。施工应间隔施工,混凝土浇筑完毕72h施工相邻的桩。桩顶泛浆高度不应小于500mm。桩顶用1 200mm×800mm冠梁连接。并且桩身砼浇筑时应连续进行,充盈系数不小于1.2。

锚索应采用套管跟进成孔工艺施工,成孔直径为150mm,孔深应大于设计深度0.5m。锚索索体为1 860级15.2钢绞线,注浆为P.S32.5水泥纯水泥浆,水灰比为0.5,要求采用二次压力注浆工艺施工,第一次注浆压力为0.50~1.0MPa,第二次注浆应在一次注浆结束6~12h后进行,注浆压力2.0~3.0MPa。

(三）基坑开挖

基坑土方开挖宜设计环岛开挖，先沿周边进行，开挖宽度宜为10.0m，边开挖、边支护。基坑土方开挖应由上至下分层分段开挖，分层开挖深度不能大于1.5m，分段开挖距离不超过20m。土方开挖应采取措施防止碰撞支护结构、工程桩或扰动基底原状土，基底开挖至标高后应及时进行基底检查、基坑封底和基础施工。

现有的深基坑理论和施工相对完善，但在具体基坑设计时除参考基坑支护规程外，尚应根据基坑的工程地质条件、周边的环境灵活选用基坑支护方式，将多种支护结合才能得到更有效、更经济的综合支护方案。

第三章 深基坑施工技术探讨

第一节 建筑深基坑施工技术分析

近年来，随着经济、社会的快速发展，建筑工程的建设规模越来越大，各地超过10层以上的建筑已经随处可见。这些高层或超高层建筑的基坑深度已经逐渐由以往6～8m的标准发展到更大更深，深基坑施工技术也随之兴起。深基坑工程经常位于既有建筑物附近，虽然属于临时性建筑，但施工技术比较复杂，若不能掌握建筑深基坑施工技术要点，不仅会对基坑自身安全产生威胁，还会影响周边既有建筑，造成非常严重的后果。本节分析了建筑深基坑施工中涉及的支护结构、内支撑结构、锚杆施工、基坑降水施工、土方开挖施工、基坑监测几方面内容，并在分析过程中提出相应建议。

建筑深基坑施工过程复杂、涉及因素较多，但随着建筑工程施工技术水平的不断提高，深基坑施工技术也在不断改进，其应用日渐广泛。深基坑工程属支挡措施，能够有效保护基坑开挖及后续施工，确保建筑地下主体结构安全，降低基坑对周边环境造成破坏。掌握科学的建筑深基坑施工技术能够有效提升建筑工程整体施工质量。

建筑深基坑工程的施工过程中包含多个内容，如支护结构施工、隔渗设施施工、降排水系统施工、土方开挖施工，但总体来说，深基坑工程不同区域的施工工艺与正常工艺措施基本相同，唯一的区别就是这些项目应用到深基坑工程当中，需要结合现场实际情况合理选择施工技术或工艺。

一、支护结构施工技术分析

选择深基坑支护工程需要确保基坑边坡稳定，并满足变形量的控制标准，最终目标是确保周围建构筑物的安全性。若施工区域的水文、地质条件较好，周边环境要求标准相对较低时，可以使用柔性支护，以降低成本、缩短工期。但是，若深基坑临近市政道路，就会因地下管网的复杂性导致无法使用锚杆施工；若周边环境要求标准相对较高，可以使用钢性支护，以减少水平位移，但这种施工方式的造价高、工期长。对于排桩来说，施工组织便利、工期较短，能够结合工程桩同步施工，对于地下连续墙来说，刚度大、止水性好，更能适应地质条件差的复杂地域，对于周边环境要求较高的基坑更为适用。对于支撑的形式,当地质条件较差时,锚杆不宜对土体再进行扰动,只能采用内支撑的形式;当地质条件特别差,有多层地下室时,可采用地下连续墙加逆作法的支护方案。这种方案一般将地下连续墙兼做地下室外墙使用,地下室结构体系代替支撑体系,受力更为合理且可缩短总工期,具有明显的经济效益。

二、内支撑结构施工技术分析

支撑系统包括围护和支撑2部分,若支撑较长还包括支撑立柱及立柱桩。较为常用的支撑系统材料有钢筋混凝土。在现场正式施工前,要充分掌握支撑系统图纸及设计情况,了解基坑开挖及支撑设置的主要方式。支撑结构的安装、拆除要与围护结构工况保持一致,现场施工过程中要严格控制开挖流程、时间,对每层开挖深度、支撑位置、围护结构进行深入检查。待现场全部支撑安装完成后,要注意保持内支撑系统运转正常,直到所有支撑全部拆除,相关的质量监督、检验必须严格依照标准规范开展工作。

三、锚杆施工技术分析

建筑深基坑的锚杆施工工艺包括:成孔、锚杆制作安装、灌浆、锚杆张拉、锚杆锁定几个步骤。正式施工前要合理选择锚杆施工所需的各类机械设备,确定科学的施工工艺方法、参数等,对于各类重要环节要先进行成锚工艺、锚杆极限拉拔试验,然后结合最终的试验结果调整深基坑施工设计,若遇到软弱的黏性土、淤泥质土层,需要先进行成锚工艺、锚杆蠕变试验。在锚杆成孔时要注意预防锚孔出现涌水、涌沙,成孔深度要超出设计深度,锚杆制作必须依照设计要求进行下料,需要搭接的,必须采用双面搭接焊或者机械连接的方式进行处理。现场灌浆施工时,需要选择强度不低于20MPa的纯水泥浆或水泥砂浆,二次压灌浆要在一次灌浆体强度达到5MPa时才能进行。锚杆张拉要在锚固体强度大于15MPa并超过设计强度70%后才能开展,现场实际的张拉顺序要充分考虑锚杆之间的影响问题,以保证达到设计规定的预应力。

四、基坑降水施工技术分析

深基坑降水方案有多种方式,其中轻型井点降水、明沟加集水井降水在实践过程中使用较多。实际施工会对地下水位相对较高的区域产生不利影响。若地下水来源丰富,基坑施工前必须对周边水文、地质、气候、环境等条件进行综合调查,结合相应数据进行综合分析,制定合理的深基坑降水施工方案。在降低施工区域地下水位的过程中,要尽量避免使用连续抽水的方式,同时,在排水过程中要严格控制出水的含砂土量,避免地下水抽排造成地下砂土被掏空,引发基坑管涌流沙或地面沉降等问题。在进行基坑降水施工时,要布设相应的沉降位移观测点、水位监测点,随时掌握周边建构筑物变化情况及地下水位。在基坑开挖前,要在四周设置截水沟,以便顺利排除地表水,减少地表水流入基坑,或冲刷基坑边坡坡面，截水沟与坡顶间要进行硬化处理。

五、土方开挖施工技术分析

深基坑土方开挖施工期间，需要关注多个方面的问题，需要自上而下分层逐级开挖，避免雨季施工，遇下雨时应覆盖坡面避免雨水冲刷等。首先，在深基坑开挖前要了解施工区域底线管线的走向、分布，对存在的各类地下设施进行统计分析，特别是当深基坑工程紧挨市政道路时，其中的各类管线较多，必须提前了解各类管线的走向、标高，并根据现场实际情况制定科学的开挖方案，确保地下管线安全的同时保证土方开挖成效；其次，基坑土方开挖会出现大量土方运输工作，现场设计的出土坡道必须合理，严禁绕边坡顶设置车辆行走路线，出土坡道设置要保证边坡支护体系受力均匀，避免出现边坡失稳的问题；再者，现场进行土方开挖时要合理控制开挖量，若开挖量较大会对周边环境产生不利影响，若施工过程中遇到软土地基要避免深开挖，若开挖进程较快、高差大都会对基坑土体抗剪强度产生不利影响，严重者会破坏土体原平衡，甚至引发坍塌事故；最后，对于部分特殊区域的土方开挖可能需要动用爆破作业，在施工过程中要严格控制炸药用量，并根据标准设置减震缓冲沟。

六、基坑监测技术管控分析

建筑深基坑施工过程中，基坑监测工作是不可或缺的一项重要工作。现场实际施工过程中，需要对深基坑施工期间的形变、保护对象、周围环境进行细致监测与测量，通过获取的相关数据反映现场实际变化情况，为实现信息化管理提供条件。深基坑施工过程中的各类监测数据可以为深基坑施工安全性及环境适应性提供良好依据，并且通过相应的监测数据与各类预警值进行对比，了解深基坑水平、竖向、深层水平等多种类型的位移情况，及时根据现场状况进行管控，避免深基坑支护结构形变超出设计限值，对周边既有建筑物造成不利影响。

深基坑工程是建筑基础施工必须建设的临时结构，其施工技术水平与建筑工程的安全性、经济性、可靠性存在直接关联，合理地选择施工技术是保证建筑工程安全、进度、成本等目标顺利实现的重要条件。在深基坑施工过程中，由于受施工区域水文、地质等条件的影响，必须采取针对性措施，选择经济安全、工期短的方案来开展深基坑施工，为后续建筑工程施工打下良好的基础。

第二节 深基坑降排水施工技术探析

以某工程为例，从施工前的准备工作、施工工艺、工艺要求、施工技术要求等方面，深入阐述了轻型井点降水及深井井点降水的施工技术要点。实践证明，在工程深基坑降排水施工中做好方案选择与质量把控，能提高该技术的应用水平、提升工程建设质量。

近年来，深基坑工程降排水技术在基坑工程中越来越常见。在开展此项工作的过程中，降排水措施的选择较为重要。措施的好坏将从根本上影响整个施工项目最终的质量，是整个工程中的核心要素。因此，分析影响降排水工程质量的因素，总结工程经验，探索更科学有效的降排水施工措施，在现代基坑工程中有着重要的作用和意义。

一、工程概况及降水方案的选用

某工程施工现场地形相对较平坦，无较明显的地势变化。不过由于其地下水位略高，需及时对基坑内部实施降排水。

本基坑工程开挖深度相对较大，降承压水成为确保基坑顺利完成施工的重要一环。施工中应时刻关注施工地点的各类外界条件，确保最终的开挖深度符合相关标准要求。通过对场地地层条件和开挖深度进行分析后可知，主要的降水形式为：基坑西侧每隔20m设置一口管井，管井底标高通常限制在-12～-10m范围内。

二、轻型井点降水

（一）施工准备

在施工开始前应提前准备好1台高压水泵以便开展后续的冲孔工作。此外，还应配备直径5cm的水管，确保其能满足施工中的用水需求。

（二）施工工艺

井点处需要采取水冲法进行安装工作，为提升施工质量、确保降水工作顺利进行，须严格遵照相关标准要求开展施工。

（1）严格按照施工现场的实际情况确定最终的放线、布设井点等设计。

（2）沿放线处挖沟槽至地面以下1.5m，能促进井点管的顺利布设，有效降低高压水冲场地。

（3）借助高压水泵对沟槽进行垂直冲孔，冲孔直径应大于或等于300mm，施工中还应严格按照长度及具体土层条件来决定最终的施工方案。

（4）将井点管放入孔内后，填中粗砂至超出滤管1m左右的高度，其上用原土封孔捣实，使其不能与外界空气相互接触。

（5）当一套井点管全部用水冲法安装完成后，应及时采用弯连管连接井点管与总进水口，再用铁丝将两者固定。

(三)工艺要求

(1)定位:应严格根据前期制定的设计方案开展施工,确定出最准确的井点位置,误差应小于5cm,就位时须对准所确定出的孔位。

(2)成孔:采用50mm射流泵冲孔,冲孔距离应始终保持在30cm以上,冲孔深比井点设计深50~100cm。

(3)下管、填砾:成孔工作顺利完成后应及时插入井点管,插入深度应为距孔口1m内。然后借助黏土填塞密实,确保不会出现漏气现象。

(4)安装设备:首先安装并连通总管,然后安装集水箱及排水管等设备,最后开动抽水设备开展排气排水工作。

(四)施工技术要求

各级井点管的井点机应和井点总管置于同一标高,井点水用水泵抽至坑外排水沟或统一排入附近深井内,借助深井内大功率水泵将其排入水道中。各级井点都应事先进行预抽水,此项工作应持续10d左右,确保坑内水位下降到作业面标高以下后,才能开始后续的挖掘工作。

三、深井井点降水

(一)施工准备

本工程所使用的降水井孔径一般为Φ600mm,井深长度应始终保持在24~25m范围内,并确保深井井底标高始终维持在-24~-23m范围内。本节依托工程使用的井管为Φ300mm PVC管,借助缠丝填砾过滤器,使用粗砂或细石两种物质开展填砾工作。水泵通常使用$25m^3$及$100m^3$两种机型,施工时还应做好井内水位的观测记录工作,科学优化相关抽水设备。

(二)施工工艺

(1)进出场,定位,埋设护孔管:在开展此项工作时,一旦发现填土中局部掺杂混凝土等物质,应立即调整井位与工程桩的距离,移动距离和原井之间的相互距离应严格控制在1~1.5m内。

(2)钻进清孔:在钻进时,泥浆比重需严格控制在1.1~1.2范围内,含沙量通常不能超过1.2%并尽可能使用地层自然造浆。为确保孔壁稳定性,开孔时应在其中适当加入一定的人工泥浆以提升孔壁的稳定系数。钻进施工时,在确定大钩吊紧后,应维持相对缓慢的推进速度以降低钻具产生一次弯曲的概率。在钻进过程中,还应及时对地层各类情况进行分析总结。

(3)下井管:严格遵照前期设计将井管进行排列组合,井管入孔时,应对每节井管的两端都进行找平，连接时需确保不留间隙，以降低出现脱落的概率。为使井管和井壁间拉开一定距离，应及时在滤管上下部分别添加一组扶正器，以确保环状填砾间隙超过 200mm。此外，须确保过滤器表面的整洁性及过滤孔直径达到一定的要求，下管应准确到位。下管时要确保其自然落下，不可用强力将其压下。采取此类方式下管主要是为了最大限度保护过滤结构免受不必要的损害。

（4）填砾：将泥浆比重稀释到 1.05 后关小泵量，将砂砾徐徐填入，填砾时需使用加工沙。

（5）下泵试抽：在对泵体进行安装的过程中，应时刻注意安装的稳定性且应确保其与泵轴相垂直，深井下泵深度达到 16～17m 才可开展后续的试抽水工作。最终通过相关数据，测定出井内的准确水位。

（三）施工技术要求

（1）降水试运行。降水时应提前做好准备工作，工作人员应对各井口地面标高的测量引起重视。此外，还应及时安排抽水设备，确保抽水系统正常运转。抽出的水应及时排入场内临时集水系统，尽可能降低其出现回渗的概率，提升最终的降水效果。相关人员应第一时间将坑内的降雨积水清除干净，以降低大气降水对施工造成的不利影响。

（2）正式运行。需严格遵照基坑开挖方案，确定降水运行的实际顺序和准确的井位，确保基坑局部开挖工作开始前，此位置已能正常开展降水工作。此外，应根据由监测单位提供的开挖面及开挖面周边存在的各类资料，确保该位置的水位比开挖面低 0.5～1.0m。开挖进行中一旦出现异常，应及时增大泵量并多开井，达到快速降低水位的目的。根据实践经验，深井在地下室底板位置开展施工工作时，通常都能直接将其进行封口并及时将其埋设在基底位置。

本节所研究的工程充分运用了先进的降水工艺，较大程度提升了施工中对围护结构的安全保护，明显改善了施工条件，确保了施工工作的顺利开展，取得了良好的经济效益，可为同类工程项目提供参考。

第三节　地铁车站深基坑监测技术

随着城市建设的不断推进，地铁工程的实施给人们的生活带来很大便捷。地铁站的建设势必会对周边环境带来一定影响，所以需要通过基坑监测来研究基坑开挖过程中的变形规律，减少工程事故的发生。本节对地铁车站深基坑监测的目的及意义进行阐述，分析深基坑监测的主要项目并得出结论。

自 20 世纪 80 年代以来，我国的城市地铁建设发展非常迅速，对于一项工程来说，首先要保证工程自身的安全，其次要保证工程相邻环境的稳定。一般情况下，地铁站会设立在人群密集的繁华路段，所以在建设过程中会遇到一些非常复杂的问题，例如基坑围护结构的变形，对施工周边环境、地下管线、地面交通等的影响，始终受到地铁建筑单位的高度重视，所以，深基坑监测已经成为地铁施工过程中的必不可少的环节。随着现代化施工环境的复杂化，地铁车站要采取信息化施工，加强监测工作，合理设计监测方案，为地铁工程的顺利实施提供安全保障。

一、地铁车站深基坑监测的目的及意义

近些年来，随着工程建设规模的不断扩大，基坑工程事故频频发生，主要表现在支护结构的破坏、基坑塌方、大面积滑坡、基坑周边道路塌陷、临近设施破坏等，这些工程事故造成严重生命财产损失。根据统计数据分析，每一起工程事故都与监测不力有关。只有将现场监测和验证、优化设计结合起来，才能做到信息化安全施工。地铁工程的施工主要以明挖法基坑为主，根据地下工程安全监测的设计原则，进行地铁深基坑监测方案的制定，能够充分了解在地铁施工期间对周边地面建筑、地下管线等的影响程度，在对建筑对象遭破坏界定责任时，能够提供更加科学的报告与数据，更好地达到监测目的监测的数据以及对数据的分析对基坑工程的设计、施工均有非常重要的指导意义，是深基坑空间效应研究的必要手段。

为了保证基坑的顺利开挖，必须组织严密的环境监测做保证，结合现场的监测数据与设计值进行对比，如果超出限值，就要采取相应措施，防止支护结构破坏或周边环境事故的发生。通过监测数据来对现场施工进行指导，使施工组织的设计得到优化。基坑监测为了实施对地铁基坑动态的监测，掌握基坑支护结构、地表建筑动态，及时对变形情况进行反馈，对以后的工程实施做好技术准备。

二、影响地铁基坑安全的主要因素

（一）基坑所在位置的水文地质条件

即使在同一地区，土壤的性质也千差万别，水文条件错综复杂，在进行工程勘探时，不能够完全保证所取的样本具有均匀性和稳定性，在地质勘查时会出现不可避免的误差，勘察所给出的统计值如果缺少相应的指标，会直接对基坑安全带来影响。

（二）周边环境资料的准确性

周边环境对基坑建设的影响非常大，建筑物的基础型式、与基坑边的距离、埋深布置等资料信息的准确性会对基坑建设安全造成不同影响。另外还要了解地下管线、电缆、排水管、煤气管等的准确位置，确定与基坑边之间的距离。

（三）复杂的外部环境

地铁基坑施工现场环境、地质条件、天气状况、交通环境等多方面因素会形成一个交错整体，对工程施工产生直接的影响与限制。

三、地铁深基坑监测主要项目

在地铁站深基坑项目中，施工过程的安全与否除了设计施工以外，还要有准确的监测数据，使设计人员能够及时对基坑的安全性做出判断，针对不同的支护方案、不同安全等级的基坑，是有明确的监测项目的，及时准确的监测数据是将工程事故控制在萌芽阶段的重要措施。

（一）地面沉降、桩顶沉降监测

沉降监测需要集合被检测对象周边的水准基点来进行监测，如果施工现场附近没有水准基点，则需要根据实际条件来对专用水准基点进行埋设，水准基点不能少于三个，设于工程点的两侧，定期对水准基点进行校核，防止自身发生变化，保证监测结果的准确性。对于桩顶的监测需要运用经纬仪和全站仪，在基坑的拐角处建立观测墩，在基坑边相对稳定处设置监控控制点作为基点，在施工影响外稳定处再设两个基准点，用于检核工作几点的稳定性。在施工期间，每隔两天要进行一次监测。沉降监测会运用高精密电子水准仪，视线长度不可大于 50m，测量数据保留至 0.1mm。在监测之前要对水准仪进行校验，并且在使用过程中不能随意更换。

（二）周边建筑倾斜程度监测

地铁深基坑的建设势必会对周边建筑物有所影响，为了确保施工的安全性，需要对周边不小于 3H（H- 竖井深度）建筑物的倾斜程度进行监测，根据所确定的监测对象进行详细调查。

（三）钢支撑轴力监测

钢支撑轴力需要通过端头轴力计进行测试，在支撑受轴力前进行初始频率的测量，在地铁深基坑开挖前进行三次稳定的测量，取平均值作为计算应力变化的初始值。在测试的过程中一旦发现测定的数值无法读取或不稳定时，需要及时查明原因并采取补救措施，在轴力计钢支撑架埋设之前，需要将轴力计焊接在支撑的非加力端的中心，避免轴力过大造成变形，失去支撑的作用。

（四）深层水平位移监测

在地铁深基坑开挖期间，需要将主体围护结构作为支挡结构，承受所有水土压力以及路面的荷载，一旦主体围护发生变形会直接影响基坑建设状况。深层水平位移的监测大多通过活动式测斜仪进行，它能够深入到基坑围护结构的内部，监测基坑开挖期间围护结构在不同深度处的水平位移。监测原理为：在需要监测的部位埋设测斜管，将测斜仪的导向轮沿测斜管导向滑槽放入孔中，一直滑到孔底，以孔底为基准点，自下向上每间隔1m设一个监测点，当倾斜仪稳定在测斜孔的某个深度位置时，测斜仪会测出与铅垂方向的夹角，通过数学运算测量出偏开的水平位移。将测斜仪进行调转重新放入测斜孔中，将侧头滑到孔底，对深度标志处的数据进行重复提取，保证测量的精准度。

四、地铁车站深基坑监测结论

在地铁基坑开挖的初始阶段，钢支撑轴力的增长会比较快，随着土体开挖的完成，轴力逐渐平稳。钢支撑在基坑开挖阶段，对土体变形以及整个基坑的稳定性起到显著作用，能够缓解开挖后土体向墙内的移动。钢支撑周围土体开挖及拆除支撑的两个阶段，钢支撑会发生非常明显的变化，这种状态对基坑的稳定性带来很大影响，必须做出相应的预防措施，尽量避免开挖时土体处于无支撑状态。最后，在深基坑连续开挖阶段，墙体的水平位移会随着施工深度的增加而逐渐增大，整体的变化会在要求的范围之内，基坑开挖深度增大时，地下连续墙水平位移也会相应增大。

地铁车站深基坑工程是一项非常复杂的综合性岩土工程，在施工过程中基坑内外土体的应力状态都会直接引起土体的变形。通过深基坑监测分析不但可以保证基坑支护和相邻建筑物的安全，而且可以实现地铁深基坑的信息化施工。通过实时监测来掌握基坑在开挖过程中所引起的各种影响的严重程度以及变化规律，根据相关数据来推算发展趋势，为地铁施工提供科学的决策依据，确保基坑的支护结构以及周边环境的安全。

第四节 岩土勘察技术及深基坑的支护

岩土工程作为建筑工程中不可或缺组成部分，在工程建设规模不断扩大，基坑深度随之增加，如何有效提升深基坑施工质量，选择合理的岩土勘察技术，优化深基坑支护设计十分重要。这就需要明确岩土勘察重要性，把握岩土勘察技术应用要点，提升深基坑支护设计合理性。故此，就岩土勘察技术应用要点，明确岩土勘察技术支护设计要求，实现岩土勘察技术与深基坑支护设计深度结合。

社会经济持续增长下，社会主义基础设施建设规模不断扩大，高层建筑和超高层建筑涌现，建筑楼层增加的同时，基坑深度随之增加。深基坑施工难度较大，其中涉及众多内容，任何一个环节出现问题，都将影响到建筑工程整体施工质量和安全。所以，需要选择合理的岩土勘察技术来获取工程相关信息，在此基础上优化岩土勘察技术支护设计，为后续施工活动有序开展，带来更大的经济效益。通过深基坑支护设计和岩土勘察技术分析，对于打造高质量的工程项目，推动社会经济持续增长具有积极作用。

一、工程建设中的深基坑支护设计

深基坑支护设计是否合理，直接关乎深基坑施工质量。当前深基坑支护技术包括以下几种：①满足深基坑坑外土体压力挡土系统，包括地下连续墙和各种桩体，桩体中包括钢筋混凝土板桩、钻孔灌注桩、钢板桩和深层水泥搅拌桩；②深基坑围护结构的支撑和固定系统，包括型钢、钢筋混凝土内支撑和钢管内支撑；③满足深基坑挡水系统设计要求，包括压密注浆、地下连续墙、深层水泥搅拌桩和地下连续墙等。

（一）排桩支护技术

排桩支护技术是深基坑支护中的主要技术之一，包括防渗帷幕和支护桩构成。在深基坑附近设置一排钢筋混凝土灌注桩，满足挡土功能需要。此项技术施工便捷，操作简单，刚度大，具有较强的挡土效果，适用范围较广。同时，此项技术不会产生噪声污染，不会影响到周边区域居民日常生产生活，但是需要结合区域实际情况，选择合理有效措施来构建稳定的支护结构。

（二）深基坑搅拌支护技术

深基坑搅拌支护技术在实际应用中，通过水泥和软土之间物化反应，形成强度和硬度大的支护结构。借助此种技术，可以避免水分侵蚀和地基不均匀沉降问题，提升深基坑结构稳定性和承载力。在这个过程中，在软土中加入适量固化剂，优化配合比，减少水泥水化热，促进材料充分物化反应。施工人员在深基坑开挖后，技术清理杂土，保证深基坑深度，一旦发现及时清理，规避对周围环境带来不良影响。

（三）土钉支护技术

土钉支护技术在当前深基坑支护施工中效果较为可观，可以有效提升深基坑支护结构稳定性。具体施工中需要充分结合岩土工程实际要求编制施工方案，并进行相应的拉拔试验，确保土钉拉力和强度符合施工要求。在试验期间，要求与第三方监管人员在现场，保证试验结果精准可靠，便于后续施工活动顺利展开。

（四）地下连续墙支护技术

地下连续墙支护技术，结合工程实际情况设置，地下连续墙材料以钢筋混凝土为主，施工中检查机械设备和材料性能是否符合施工要求；确定基坑轴线为主，规范化开挖沟槽；保证沟槽深度和长度符合施工要求，并将钢筋笼置于沟槽中，保证施工匀速展开。混凝土浇筑施工，形成强度大的混凝土墙壁。

（五）锚杆支护技术

在深基坑支护设计和施工中，锚杆支护技术应用，首先将锚杆置于岩土中，另一端同支护装置连接，施加相应预应力，以便于提升深基坑支护效果。相较于其他支护技术而言，锚杆支护技术的环境适用性较强，可以规避深基坑深度的不良影响，但是不适合应用在有机质含量多的土质。

如果放坡大、土质好，可以采用坡率法支护技术，满足深基坑施工需要；土质一般，放坡有一定空间，可以采用钉墙支护技术。如果某坡段地下水水位深，坡体没有砂层，不需要采用降水措施进行施工。如果基坑底部采用孔桩，可以设计降水井，基坑完工后进行施工。在施工全过程中，如果发现沙层，可以进行充分的地质勘查来选择设计降水井，寻求合理的止水措施，以求提升深基坑支护设计合理性。需要注意的是，不同区域实际情况不同，需要结合基坑周围地质条件和地下水情况，获取精准可靠数据基础上进行支护。

二、工程建设中的岩土勘察技术

在深基坑支护设计中，对于支护方案的选择需要充分结合基坑周边实际情况，设计多个方案，并对比分析选择结构安全、经济适用的支护方案。如果建筑基坑周边没有市政基础设施和建筑物，水位高、地层厚，地下水储量丰富，可以选择降水方案进行深基坑施工。为了提升深基坑支护设计合理性，需要选择合理的岩土勘察技术，了解施工区域的实际情况。

把握岩土勘察技术重点和难点，结合地下水和地质岩性，编制合理的施工方案。对施工现场岩层水文条件和受力条件进行检验，确定岩土勘察位置，了解建筑物负重和岩土稳定性，并合理配置专业人员，保证获取的数据信息精准可靠。做好前期准备工作，有助于设计合理的施工方案，并结合施工现场指标参数，检查施工区域土质情况和电缆管道敷设情况，精准评估后方可施工。

分析岩土勘察技术可行性，确定基坑深度。通过钻探进行勘察，确定岩层分布特征，为后续的设计坑支护提供技术资料。环境调查了解岩性资料，把握岩层的风化情况、软化程度和断裂结构，综合分析内外部影响因素编制合理的施工方案。施工环境周围勘察，确定深基坑性质和维护结构，获取管道位置和埋深信息。

将采集数据整理和分析，借助计算机技术和设备辅助岩土勘察工作开展，提升岩土勘察技术自动化水平。

三、深基坑支护设计与岩土勘察技术的结合

（一）优化深基坑支护设计

深基坑支护设计中，通过岩土勘察技术应用可以获取工程相关信息，编制合理的施工

方案,为后续施工活动开展奠定基础。为了保证深基坑支护施工质量,应该做好建筑材料质量检测,结合施工标准来选购材料,保证材料使用性能和使用寿命符合施工要求,在保证施工质量的同时,尽可能降低施工成本。根据不同环节施工需要,将材料运输到制定施工区域。定期组织施工人员专业培训,不断提升施工人员专业能力和职业素养,可以灵活运用前沿技术手段,规范化施工,为施工质量和安全提供保障。如果施工技术水平不高的人员,则需要加大准入制度,避免技术不符合专业资格的人员参与施工活动。

(二)强化岩土勘察技术

岩土勘察技术应用,需要把握岩土勘察技术要点,整合勘察获取的数据信息,在此基础上提升岩土勘察技术有效性。在现代化技术支持下,引进前沿的勘察技术和设备,提升勘察工作质量,为深基坑支护施工质量提供坚实保障。

深基坑支护施工中,为了保证工程质量,应该选择合理的岩土勘察技术来获取工程相关信息,把握勘察要点,在此基础上进行岩土勘察技术支护设计,为后续深基坑施工活动有序开展奠定基础。

第五节 岩土工程深基坑支护施工技术

地铁工程地下部分的施工,往往由于地质条件因素,施工危险性高。因此,需要对深基坑进行加固、防护处理。施工单位可以通过深基坑技术,来降低塌方事故发生概率,提升项目工程地下部分施工的安全性。本节将针对岩土工程深基坑支护施工技术进行研究。

随着科技的发展,使很多新材料、新技术应用于城市轨道领域,促进了我国城市轨道交通行业的发展。但同时,轨道交通行业在发展中也存在着一些问题,如在施工过程中深基坑支护的边坡修理问题、土层开挖等,这些问题都会影响地铁工程的质量。因此,企业需要重视地铁工程的深基坑施工质量,要结合工程的实际施工情况,选择适宜的深基坑支护施工技术,来带动整个工程质量的提升。

一、深基坑支护施工中存在的问题

(一)边坡修理方面的问题

在深基坑开挖过程中,企业由于自身的原因,如管理不当,施工人员没有按照规定操作机械等,可能会造成工程出现超挖、欠挖情况,影响工程表面的平整度、顺直度等,使其达不到设计要求,进而影响工程质量。若用人工修理边坡,也会因各种条件限制,很难对边坡进行深挖,这种情况也容易造成挡土施工完成后,项目工程深基坑存在欠挖、超挖情况,从而影响深基坑支护工程质量。

（二）土层开挖与边坡支护方面的问题

深基坑支护施工，需要由专业的施工团队来完成，虽然深基坑支护开挖工作，技术要求低、难度小，但挡土支护施工，需要较高的技术水准，而且管理难度较大，很多施工团队难以高质量地完成该项工程施工。在深基坑支护工程施工过程中，往往存在多个平行分包合同，这为整个项目工程的协调增加了难度。同时还存在一些企业，为了加快施工进度，提升企业经济效益，没有按照规定流程进行开挖工作。同时，在施工过程中，没有充分考虑挡土支护工程的施工，进而影响了之后的挡土施工，导致工程进度缓慢，无法按照计划工期如期完工。还有部分企业，为了减少成本支出和增加自身经济利益，会在施工过程中更改施工方案，也会影响工程质量和增加施工风险。例如某企业，为了赶进度，提高自身经济效益，没有按照规定流程进行土石方开挖，虽然在工程前期，该项目土石方开挖速度有了明显提升，但由于前期的不规范施工，给后期挡土支护施工造成了很多影响，拖慢了挡土支护工程施工速度，反而影响了工程的整体施工速度。因此，企业在实际施工过程中，要从大局着想，不能为了阶段性利益而不顾工程的整体布局，要科学合理的规划施工方案，进而推动整个项目工程的顺利实施。

二、岩土工程深基坑支护施工技术分析

（一）钢板桩支护技术

在深基坑施工中，施工人员需要将热轧型钢加工处理成钢板桩，才可将其用于工程施工，加工处理方法有钳口式和锁扣式两种，然后将钢板桩互相连接，可形成板桩墙。在建筑工程中，使用板桩墙用于基坑支护，能够挡水、挡土的作用，可以保证基坑施工的安全。在地铁工程施工过程中，一般常用的钢板截面形式，主要为"U"字形和直腹板形两种。钢板桩因为简单，便于操作，在深基坑施工中有着较大应用，但钢板桩在使用过程中，可能会受周围地形的影响，在外力作用下使其发生变形、震动等。钢板自身具有一定的柔性，这使其在施工过程中，若没有对钢板做好支撑和锚拉，可能会使钢板在外力作用下发生变形。建筑物密度较大的区域，不适合使用钢板支护技术。

（二）深层搅拌桩支护技术

简单来说，深层搅拌桩支护技术是将胶凝材料和软土混合搅拌在一起，使它们之间发生物理、化学反应，改变它们的性能，进而增加地表的硬度和稳定性。建筑工程中常用的胶凝材料有石灰、水泥等。深层搅拌桩支护技术，主要用于深度小于 7m 的基坑支护施工，而且需要基坑边缘和红线保持一定的距离。水泥自身具有一定的特殊性，将其用于地铁建筑的深基坑支护工程，可以起到挡土、挡水和防渗透作用。重力结构是深层搅拌桩的主要结构形式，它可以借助自身的重力结构，来抵消基坑的侧向力，从而达到基坑表面受力平衡，增加基坑稳定性的作用。深层搅拌桩支护技术的优点是，轨道交通企业可建筑机械设

备进行土石方开挖，简单的同时还能节省企业开支。

（三）排桩支护技术

排桩支护技术，是在基坑周围设置钢筋混凝土桩孔，然后将钻孔桩用于挡土结构。在排桩技术应用的过程中，施工人员要让桩列之间保持一定距离，桩列相隔太近会影响桩列作用的发挥。桩列虽然有较好的强度，但是由于它们之间存在着联系差，在施工过程中，轨道交通企业需要加以重视。钢筋混凝土桩的背桩、桩间，要采用高压注浆的形式，对桩间和背桩进行注浆。排桩支护技术的优点是施工工艺简单，可以采用机械进行钻孔，而且在施工期间，对周围的环境影响较小，非常适合轨道交通工程的深基坑支护施工。

（四）土钉墙支护技术

土钉墙支护技术对施工环境中土地自身的稳定性要求较高，需要土体本身具有较高的稳定性，才能进行该技术的应用。同时，相对而言，土钉墙技术花费的时间较少，造价成本较低，且能根据项目实际情况，降低对地铁工程土地面积的占用，这是土钉墙技术的优点，但是土钉墙支护技术的缺点，同样不容小觑，土钉墙没有防水能力，自身都容易遭受水的破坏。因此，采用这种技术，无法起到防水作用。使用土钉墙支护技术前，要对施工区域进行降水处理。某项目在施工时，由于该地区的土层稳定性较好，该企业的技术人员经过考察和论证，最终在地下工程的施工过程中，采用了土钉墙支护技术，该技术由于耗材少、工期短，有利于企业的成本控制，但在采用土钉墙技术前，施工人员没有对施工区域做降水处理，同时也没有完善工程的排水措施，导致在施工过程中，由于天降大雨，使很多雨水进入了施工区域，并聚集在了施工区域，导致土钉墙遭受破坏，使其起不到支护的作用，给该企业造成了不少经济损失。

（五）地下连续墙支护技术

地下墙的刚度性能较好，这使它具有较好止水、防渗作用，在软土地基结构的建筑工程中，可以使用这种支护技术。随着科技的发展，很多新技术和新设备被应用于建筑工程，这使得地下连续墙作用明显，既然起到防护基坑的作用，还能影响建筑物的侧墙体系构建。将地下连续墙支护技术用于与深基坑防护中，可以起到防止深基坑土地变形的作用。

（六）锚杆支护技术

锚杆支护技术，是将锚杆，将锚杆的两端，插入岩土层和与支护结构相连，然后对锚杆施加外力，这样能使锚杆自身受力，再将受力情况传递到岩土层，可以调动岩土层的深部潜能，进而起到加固和稳定岩土层的作用，增加深基坑土层的稳定性。锚杆支护技术不容易受基坑深度的干扰，且能适应大多数地形和环境的坑基支护，且能与其他支护技术可以一起使用，但需要注意，工程基坑为有机土质时，不能用锚杆支护技术作为深基坑的支护手段。

基坑支护施工，是地铁工程中的关键施工，它的施工水平对建筑工程施工会产生重要影响。因此，在施工环节，轨道交通企业要重视深基坑支护施工，通过前期勘察，了解工程特点和现场实际情况，并在此基础上，综合考虑基坑支护施工的各种情况，选择适宜的施工技术和制定科学合理的施工方案，推动地铁工程地下部分施工质量的提升，为深基坑的安全施工奠定基础。

第六节 市政工程深基坑施工技术

当前我国城市整体发展水平的提升，为与之相关的市政工程建设创造了有利的条件。实践中，在进行市政工程深基坑施工作业时，为了满足其施工计划高效实施的要求，增加深基坑施工中的技术含量，则需要考虑相应的施工技术使用，进而降低市政工程在实践中的深基坑施工风险。基于此，文章将对市政工程深基坑施工技术进行系统阐述，以丰富其施工方面的研究内容，优化市政工程基础结构的使用功能。

注重市政工程深基坑施工技术探讨，可使施工效果更加显著，并为深基坑施工作业的有效开展提供技术支持，满足市政工程建设的实际要求。因此，需要在市政工程深基坑施工中，充分考虑施工技术，将其应用过程方面的控制工作落实到位，促使深基坑施工计划可按期完成，为其在市政工程建设中实际作用的发挥提供技术保障。在此基础上，可使我国市政工程深基坑施工更加高效，减少这方面的施工问题。

一、市政工程深基坑施工技术的应用价值探讨

实践中为了扩大市政工程深基坑施工技术的应用范围，保持良好的应用状况，则需要对这方面的施工技术应用价值有所了解。具体表现为：（1）通过对市政工程深基坑施工技术应用的考虑，可使施工作业的开展更具针对性，最大限度地降低深基坑施工问题发生率，给予市政工程基础结构稳定性水平提升相应的支持；（2）注重市政工程深基坑施工技术的应用，可满足其施工质量可靠性要求，优化深基坑在市政工程建设中的使用功能，并为市政工程的后续施工计划高效实施打下基础；（3）重视市政工程深基坑施工技术的应用，可实现对其施工问题的有效应对，保持市政工程建设中深基坑良好的功能特性。

二、基于市政工程的深基坑施工技术分析

在开展市政工程深基坑施工作业的过程中，为了使其中的技术含量可不断增加，科学应对深基坑施工风险，则需要考虑相应的施工技术应用。

（一）测量控制方面的施工技术

在实施市政工程深基坑施工计划的过程中，为了减少这方面的施工问题，则需要考虑测量控制方面的施工技术的应用。具体表现为：（1）根据市政工程深基坑所在区域的实际情况及高效施工要求，设置好测量控制点，且在性能可靠的专业测量仪器支持下，对深基坑的水平位移、垂直变化等进行深入分析，并将有效的控制工作落实到位，确保市政工程深基坑施工方面的测量控制和有效性；（2）基于市政工程深基坑测量控制施工技术的应用，需要施工人员注重对基坑顶部位移的观测分析，实施相应的施工监测作业计划，且在行业技术规范的指导下，对深基坑施工过程中进行有效的测量控制，降低其施工风险的同时实现对测量控制施工技术的高效利用。

（二）钻孔灌注桩施工技术

通过对市政工程深基坑施工要求的考虑，应注重钻孔灌注桩施工技术的科学应用，促使深基坑施工质量得到有效保障。在深基坑施工技术应用过程中，应做到：（1）开钻前，应检查轴线的定位点与水准点是否正确、放线定桩位是否有效等，避免影响钻孔灌注桩在深基坑施工中的应用效果；（2）当桩机就位后，需要在设置好的桩机位置埋设孔口护筒，为定位、泥浆储存、钻孔等提供保障。钻孔过程中应对钻进速度、整体地钻进状况等加以考虑，使得钻孔灌注桩施工技术在市政工程深基坑施工中可发挥应有的作用；（3）当钻孔深度达到设计要求后，需要落实清孔作业，检测合格后可下放钢筋笼及混凝土的水下浇筑作业，为深基坑在市政工程建设中的性能优化提供支持。

（三）开挖施工技术

基于市政工程深基坑开挖施工技术的应用，有利于提高深基坑施工效率，满足其高效施工要求。具体表现为：（1）做好深基坑开挖前的准备工作，完善所需的施工设备、专业资料等，清除基坑开挖区域的杂物；（2）制定切实有效的深基坑开挖施工方案并实施到位，为市政工程在这方面施工作业的有效开展提供科学指导；（3）深基坑开挖施工中需要对土方结构状况、开挖效果及深度等进行充分考虑，针对性地进行市政工程深基坑的开挖施工作业，丰富深基坑施工内容，保持其施工作业进行中良好的技术含量。

（四）高压旋喷止水桩施工技术

在选用市政工程深基坑施工技术的过程中，也需要考虑高压旋喷止水桩施工技术的应用，促使相应的施工作业得以顺利开展。具体表现为：（1）在就位对中、预钻孔、下喷管慢速喷浆上提、重复下喷管等施工工序流程的支持下，将高压旋喷止水桩施工技术应用于市政工程深基坑施工中，且在前台机操作工与后台制浆工的配合作用下，完成喷浆作业，防止出现断桩基缺浆问题，使得高压旋喷止水桩施工技术在深基坑施工应用中可发挥应有的作用；（2）高压旋喷止水桩施工技术支持下的市政工程深基坑施工，也需要对其施工过程加以控制，充分考虑桩头质量是否可靠、桩头均匀密实状况是否良好等，为市政工程深基坑施工状况的改善提供保障，消除施工中可能存在的安全隐患。

（五）其他方面的施工技术

（1）钢板桩支护施工技术。在性能可靠的热轧型钢支持下，可将钢板桩支护施工技术应用于市政工程深基坑支护施工中，增强对水土阻隔方面的作用效果，提高深基坑支护施工质量，促使其在市政工程建设中有良好的应用效果。

（2）深层搅拌桩支护施工技术。市政工程深基坑施工中使用这种支护施工技术时，可在水泥、石灰等材料的作用下，实现对水泥土墙的科学使用，从而提高市政工程深基坑支护结构的稳定性及强度，提升其支护施工技术的应用效果。

（3）排桩、土钉墙支护施工技术。基于排桩的市政工程深基坑支护施工，可通过对灌注桩的合理设置，优化深基坑支护结构的使用功能，满足其强度要求，减少对深基坑施工质量方面的影响。同时，需要根据市政工程深基坑支护施工要求，注重土钉墙的合理设置，为深基坑施工中的安全性能优化提供技术保障，确保其施工有效性。

三、市政工程深基坑施工技术应用方面的注意事项

为了使深基坑施工技术在市政工程建设中的应用水平可逐渐提升，避免影响这方面施工技术的应用效果，则需要了解相关的注意事项。具体包括：（1）选用深基坑施工技术的过程中，应与市政工程所在区域的实际情况相符合，并通过对行业技术规范要求的考虑，科学使用深基坑施工技术，降低施工风险；（2）重视施工人员综合素质的培养，提升对市政工程深基坑施工技术应用价值的认知水平，并控制好这类施工技术应用过程，使得市政工程深基坑应用中的性能得以不断优化，实现这类工程既定的建设目标，满足现场城市科学发展要求。

综上所述，在有效的深基坑施工技术支持下，可使市政工程深基坑施工计划得以深入推进，满足其施工进度、质量等方面的要求，并提升市政工程深基坑施工中所需技术的潜在应用价值。因此，未来在优化市政工程深基坑施工作业方式、提升其整体施工水平的过程中，应考虑深基坑施工技术的高效利用，并通过对其应用过程的严格把控，使得深基坑施工技术作用下的市政工程基础结构稳定性状况得以改善，避免影响施工效益。同时，应重视市政工程深基坑施工技术应用方面的实践经验的不断积累，更好地体现其应用价值。

第四章 深基坑开挖安全控制研究

第一节 深基坑开挖及安全控制

深基坑开挖是一项复杂且系统的工程,在基坑开挖过程中不仅要保证基坑自身的挖深和规模、防止坑周边地面出现沉降,同时其还需保障周围建筑物的安全,因此,其不仅包含了基坑土力学的稳定和强度问题,同时也涉及环境影响、变形控制、安全控制等多个方面内容。在实际的开挖施工过程中,其对降排水技术、护支撑体系、开挖技术以及施工技术都具有较高的要求,其中每项施工工序的质量都将影响到基坑自身稳定性控制,若基坑稳定性控制不足,便极易引发基坑坍塌安全事故,为此,在施工过程中,施工人员需积极探寻影响深基坑稳定性的相关因素,才能做好有效的安全防控措施,进而保证工程施工的质量与安全。本节主要分析了深基坑开挖过程中影响基坑稳定性的因素,并针对影响因素提出了几点深基坑开挖过程中的安全控制措施,以期为同行提供有效的参考。

随着我国城市化建设的快速发展,使得高层建筑、各类地下空间综合体建设的规模不断扩大,这就使得基坑工程的规模也不断扩大,逐渐向着深基坑施工的方向发展。以往,不少地区认为深基坑是深度 <5m 但周围环境或地质条件复杂以及开挖深度 ≥ 5m 的基坑,但是随着近年来,工程界达成的共识,工程界将开挖深度 ≥ 1.5m 的基坑统称为深基坑工程,深基坑是建筑物建设的基础,其施工质量的好坏与建筑物建设的稳定性和耐久性具有直接的影响关系。但是,随着基坑施工环境的日益复杂以及基坑开挖深度越来越深,再加之其在开挖施工过程中易受到基坑土体中含水量、气候、风以及基坑土方边附近堆放荷载等因素的影响,常易发生基坑支护变形或结构不稳等问题,进而难以保证基坑工程的质量与安全,为此,在深基坑开挖施工中,需采用有效的安全控制措施,才能保证开挖施工的安全、顺利进行。

一、工程概况

葵涌街道保障性住房工程基坑支护底面积约为 12412.04m^2,基坑支护面积约为 12863.470m^2。拟建建筑物 7 栋 18 层住宅,设一层地下层。基坑周长约 470.56m,基坑开挖深度 9.05~10.20 m,基坑安全等级为二级。

本工程承包范围包括：本基坑支护设计图纸范围内的基坑支护及土方挖运。基坑支护包含多个分项工程：灌注桩、三管高压旋喷桩、腰梁、冠梁、预应力锚索、内支撑、土钉、挂网喷射砼等。

在上述工程施工过程中，我们充分对深基坑开挖影响因素进行分析，制定了相应的安全控制措施，取得了良好的施工效果。

二、深基坑开挖过程中影响基坑稳定性的因素分析

深基坑开挖后常会出现基坑滑动失稳现象，造成这种现象的根本原因在于基坑土的抗剪强度小于边坡土体中的剪应力，而土的抗剪强度是由其内摩阻力和内聚力构成，为此影响土体中内摩阻力和内聚力的因素也会对土方边坡的稳定性造成一定的影响。在实际开挖过程中，影响土体中剪应力的常见因素有含水量、气候、风以及基坑土方边附近堆放荷载等，土层中含水量过高，受水分的浸润作用会导致土体的内摩擦力降低和增大土体自重，这样便易导致土体产生裂缝；气候、风等因素会影响土质的疏松程度，进而使土体的抗剪强度降低；土方边附近堆放荷载会促进土体内的剪应力增大，可见影响深基坑开挖稳定性的因素有多种，为此，在进行深基坑开挖时就必须依据各影响因素采取有效的安全控制措施。

三、深基坑开挖过程中的安全控制措施

合理控制土体内含水量。造成深基坑失稳的重要危险因素为土体内含水量过高，为此，在进行深基坑开挖前，需做好基坑工程土体内的含水量检测，为对坑内土体进行疏干加固，还需进行有效的降水处理。基坑降水可采用两种方法进行：一是采用井点降水，沿基坑中心及四周"田"字分布真空泵机进行抽水，并根据降水管平面布置图测放井位，使基坑内的降水量低于 8.4m；二是进行集中降水，在基坑坡顶（坡度 0.2%）排水结合场地四周砌筑排水沟渠，并将其与市场排水系统连接，然后将临时沉井及排水沟设置在基坑内，进行集中排水，以促进土体的抗剪强度达到最大。在实际开挖的过程中，还需将排水沟设置在基坑边界四周地面，以防止渗水、漏水进入深基坑内。

遵循时空效应原则进行深基坑开挖。处理好基坑土体含水量后，为保证基坑开挖施工的安全实施，还需详细的调查和了解基坑周围建筑物、道路以及地下管线情况，以避免其对基坑开挖造成不利的影响；另外，还需对基坑各侧边的安全等级进行核实，检查与核实无误后，便可进行基坑开挖。在开挖过程中需根据基坑地质条件合理对开挖方式进行选择，先撑后挖，分层开挖是最常用的开挖方式之一，即先做好锚杆、支撑，再进行下层挖土，切勿超挖，为保证基坑支护结构的稳定以及其周围建筑物结构的安全。在基坑开挖过程中还需尽量降低初始位移，可以分段、分块、分区和分层进行抽槽开挖，开挖时需留土护壁，以形成中间支撑，为减少无支撑暴露时间，还需在后续的开挖过程中使限时对称平衡形成端头支撑。只有对支护墙体开挖部分及每个分布开挖的空间几何的无支撑暴露时间进行掌

握，才能对土体自身控制地层位移的潜力进行科学的利用，进而能够帮助施工人员良好的解决基坑开挖变形和稳定性不足等问题。

合理控制基坑边堆放荷载。基坑边荷载是促进土体内剪应力增大和形成堆坑失稳不利荷载的重要危险因素，若其堆放荷载过大或控制不当，则极易导致基坑发生突发坍塌，因此，为降低基坑坍塌事件的发生概率。在进行深基坑开挖的过程中，只可将建筑材料和土方堆置在基坑边缘，施工机械和运输工具只可沿挖方边缘移动，挖方边缘距基坑上部边缘的距离需控制在2m以上，且其上面堆置的弃土高度不可超过15m以及重量不可超过设计荷载值。若因施工需要将混搅拌机等机械设备设置在坑边时，由于混搅拌机会产生振动，使得粉沙土等土质发生液化，从而导致土体的抗剪强度降低，此时，施工人员需根据基坑实际支护、土质情况以及机械设备的实际重量，重新计算和确认基坑边堆放的荷载。

基坑监测。在进行开挖基坑过程中，要采取措施，对基坑进行监控，对支护体和附近的环境，按设不同的监测器，检测各种指标。

变形监测从土方开挖开始至基坑回填后结束，变形点及沉降点沿基坑边线每隔约25m设一点，施工前所有沉降点应做检测记录，施工过程中在场地20m范围内的沉降点每2日检测一次，其余每周检测一次。其当变形超过有关标准或监测结果变化速率较大时，应加密观测，当有事故征兆或遇暴雨时，应连续观测。

建立有效的基坑开挖事故预防措施和紧急救援预案。当深基坑开挖深度超过2m时，便会对临边建筑施工作业造成高空坠落的危险，为了保障周围作业人员的安全，需按照临床作业和高空作业要求，及时将双道防护栏杆设置在基坑开挖工程周围，并挂设安全立网，另外，还需设置专用的安全通道供作业人员上下基坑，严禁其对基坑支撑系统或模板进行上下攀爬。除了上述控制措施，在实际的基坑开挖施工中还存在暴雨、台风等气象环境对基坑围护结构的影响，这些因素具有可变性，并不能按照特点的参数对基坑开挖工程施工的安全性进行判断，为此，也易导致基坑支护发生变形或失效，轻则是导致基坑自身支护结构发生变形，重则将会导致基坑支护发生坍塌，进而酿成严重的基坑开挖安全事故。基于深基坑开挖作业施工具有一定的特殊性，作业人员还需重视基坑工程施工中的实际动态变化，对开挖施工过程中易发生事故的部位和可能存在隐患的施工点制定有效的安全防控措施。首先，需认真辨识基坑开挖施工中的重大危险源和对潜在的危险因素进行确定，然后再根据探寻到的危险源或因素制定相应的预防措施以及建立专业的基坑事故应急救援预案，预案中需针对基坑开挖施工过程中存在的重大危险源及基坑事故发生的特点，建立项目部和指挥部等应急救援体系；以便在基坑事故发生时，能快速组织应急救援队伍抵达事故发生现场对基坑事故进行有效的抵御和安全救援，不仅能有效控制基坑事故灾害的蔓延，同时还能降低基坑事故带来的环境破坏、财产损失和人员伤亡等不良后果。

深基坑支护系统在建筑物建设施工中具有重要的作用，只有保证基坑自身的结构稳定性和安全性，才能为建筑物提供更好的支撑。然而，由于深基坑施工开挖自身具有一定的特殊性，再加之其施工易受到多种内部和外部因素的影响，为此，在实际施工过程中，施工人员需做好有效的安全控制措施,如合理控制土体内含水量、遵循时空效应原则进行深基坑开挖、合理控制基坑边堆放荷载以及建立有效的基坑开挖事故预防措施和紧急救援预案。这样不仅能保证深基坑的土体中剪应力增大和基坑支护能力提高,同时还能有效防范基坑坍塌安全事故的发生,进而保证基坑施工的健康、良好运行。

第二节 深基坑开挖安全技术措施分析

深基坑施工是现代建筑建造的首要工作,安全技术是提高工程质量,降低施工事故的重要保障。文章就某市商业写字楼建设项目中深基坑施工过程进行研究,分析深基坑开挖施工过程中的安全隐患,并对本次工程采用的安全技术措施进行了总结和分析。

深基坑开挖工程的工作内容包括:降水排水、土方开挖、基坑支护、临边防护等,施工过程受周围建筑物情况、土质环境、地下水情况等影响,危险性较大。科学的施工方案、合适的施工技术和材料选择是保证施工安全的重要内容。本节通过介绍某市高层商业写字楼的深基坑开挖工程,对开挖技术和安全措施进行研究和讨论。

一、工程概况

该工程处于商业广场,沿路分南北两个区域,南北两边各建一栋主楼38层的商业写字楼。南区南北方向长80 m,东西方向长70 m,主楼基坑开挖深度初定为14 m,楼裙为12.6 m,电梯井为17 m。周边建筑物与规划红线接近,地下管线错综复杂,对工程基坑开挖可能引起的地层变形移动十分敏感。基坑北面距离地铁较近,对基坑支护结构的设计选型和安全实施要求严格。根据周边环境本工程基坑围护结构选用80 cm厚的地下连续墙,支护结构选用五道钢筋混凝土水平支撑,以满足整体结构稳定的要求,确保开挖施工可能产生的地层变形不影响周边建筑物结构和地下管线的正常使用,以及地铁的正常运行。

基坑围护结构即地下连续墙,其矩形槽段单幅面宽6 m,北侧墙深26 m,另外三侧墙深均为23.6 m,混凝土强度等级为C35,钢筋I、II级,分段纵向接头型式为锁口管,在顶部用钢筋混凝土浇筑帽梁,整个地下连续墙连成整体。在基坑内设置五道钢筋混凝土作为支撑,采用C30混凝土,I、II级钢筋。中心标高自下而上依次为 -13.1 m、-9.5 m、-6.4 m、-3.5 m、-0.6 m。整个基坑平面以边角框架为支撑,中部留出空间进行挖土操作。支撑梁截面有两种,分别为1 200 mm×600 mm、1 600 mm×600 mm;围檩的截面有两种,分别为1 600 mm×600 mm、1 200 mm×600 mm;顶圈梁截面有一种,为1 100 mm×600 mm。立柱由500 mm×300 mm×12 mm钢板与L160×160×16角钢焊接而成,柱基采用钻孔灌注桩。基坑四周则采用深层搅拌桩,加固深度5 m,宽度8 m,以增加土体的被动土压,防止墙底脚连续变形,进而影响周边建筑物和地下管线。

该工程的地下水位偏高，为 -0.5 m，土质为淤泥质土体，施工前必须采取降水措施。根据地下连续墙挡水抗渗性能，本次工程采用深井井点降水方法。按半径为 10 m 的平面进行排列布置，井深自基坑底向下深 1 m，共布置管径 250 mm，深 19 m 的降水深井井点 23 根。施工作业时将基坑土体分为五层：第 1 层开挖时，自北向南后退挖土；第 2 层开挖时，划六个区域待第一道支撑混凝土的强度达 70% 以上后，分区挖土，同时构筑第二道支撑；第 3 层开挖时，待第二道支撑混凝土的强度达 70% 以上后开始，以中区为平台同样分区挖土，并构筑第三道支撑；第 4 层开挖时，待第三道支撑混凝土的强度达 70% 以上后开始，利用中区平台分区进行挖土，及时清理基底并浇捣达到标高的底板，并构筑第四道支撑；第 5 层开挖时，待第四道支撑混凝土的强度达 70% 以上后开始，这一阶段挖除中区平台，同时配合克林吊在基坑四周挖土，达到基底标高后清理剩余的两侧地库底板，再构筑第五道支撑。整个基坑开挖过程分为四个阶段：第一阶段，开始挖土至第二道支撑底的挖土施工完成；第二阶段，第二、三道支撑浇筑完成；第三阶段，第 4 层土体开挖并完成第四道支撑；第四个阶段，挖土施工完成并进行底板浇筑。

二、安全隐患分析

在本次工程施工开始前，周围建筑已经建成在用，地下管线复杂，施工区域北侧的地铁已经开通运行。基坑开挖可能会造成地层变形，在挖土过程中地下连续墙如果发生位移，可能会对周边建筑物的结构稳定性、地下管线的正常使用产生影响。另外，施工区域土质含水量高，地下水位较高，进行深基坑开挖施工可能会发生沉降问题。施工前需要利用各项监测技术测量、核实实际数据，对地质条件进行精确测量，并根据地质条件认真分析施工计划，选用恰当的施工技术，制定科学有效的措施，尽量减小对周围土层的影响和破坏。

在基坑开挖后，随着基坑深度的增加，围护结构周围土体逐渐由静止土压状态转变为被动土压状态，围护结构荷载发生变化，墙体可能发生变形。围护结构变形又会使坑内、外土体在压力作用下发生位移。围护结构内侧水平位移会导致基坑水平应力减小，土体出现塑性破坏，严重时可引起土层沉降。如果在施工过程中围护结构的内侧出现渗漏水，会导致外侧土体流失，增大土层位移，影响周围建筑物结构的稳定性。

三、深基坑开挖安全技术措施

基坑降水及排水控制措施。基坑内降、排水施工是控制施工环境的重要手段。为防止施工过程中出现基坑变形、淹溺、触电等事故，安全负责人需对基坑内水位进行严格控制。不同土层的土质特点不同，在进行排水施工时要根据具体情况，使用合适的材料。在进行地下连续墙施工前完成降水井建造。整个施工过程都要对基坑降水工作予以重视。根据施工区域地质条件，本次工程采用了深井井点的降水方法，设置了降水井井点 23 个，在各土层开挖前均进行了降、排水控制。

挖土施工前需要进行的是抽水试验：待地下连续墙槽段施工完成后，对基坑范围内的降水井进行抽水试验。首先，将基坑内水位降至最大水头标高处，检测地下连续墙槽段的封水效果；然后，对基坑围护结构的受力变形情况、周围土体和水位数据进行监测。基坑内如发生渗漏，可对检测数据进行分析，确定渗水位置，采取应急预案进行补救，补救施工完成后重新进行抽水试验。

在抽水试验后，为保证基坑开挖过程中施工环境的干燥，需要在开挖前通过降水井对基坑内地下水进行降、排水施工。在降、排水施工中要保证基坑内水位始终在开挖面下 1 m，随着开挖深度下降，逐阶拆除降水井，井口高度保持在开挖面上 1.5 m。排水管绕过施工平台、帽梁，沿基坑内沿进行布置。另外，可在基坑内淤泥质土层位置开挖若干集水坑，再用潜水泵抽排坑内积水。

基坑围护结构及基坑底部控制措施。本次工程基坑围护结构采用地下连续墙结构，对地下连续墙结构的控制主要包括两个方面：接缝处的防渗处理和局部缺陷处理。地下连续墙接缝处的防渗处理：开挖之前，在地下连续墙施工完成后，利用预先掩埋的注浆管对墙体的各个槽段进行超声波检测。根据检测结果，找出薄弱环节，及时处理；在开挖过程中，如果地下连续墙接缝处出现槽段错位、连接不良等问题，可采用高压喷灌浆方法对薄弱部位进行补救。地下连续墙局部缺陷处理：在基坑开挖的施工过程中，地下连续墙的局部缺陷导致渗漏，可根据渗漏情况选择应对措施。渗漏水量小时，可在基坑内对墙体进行高压注浆；渗漏水量大时，需要在基坑外进行钻孔，使用注水玻璃溶液对渗透部位进行化学注浆。

基坑底部安全技术措施主要是指对涌水问题的处理。地质情况越复杂，施工风险越大。本次工程虽然进行了科学分析和方案设计，但是仍无法规避基坑底部涌水的问题。针对基坑底部涌水问题，可采用的应对措施包括：基底注浆，通过化学注浆的方法采用高压水玻璃溶液对基坑底部进行注浆封堵；增加集水坑数量和尺寸，提高基坑内抽排水速度；加快垫层施工，缩短封底时间。

基坑临边及通道安全措施。由于体育活动需要场地与体育器材，就需要具备一定经费的投入，只有在体育方面进行经费的投入，幼儿园才能进行体育活动。经过对成都市龙府幼儿园的调查，发现幼儿园的体育方面的经费一般来自政府的投入和自筹，而幼儿园在体育方面的经费与幼儿园的类别有非常大的关系，成都市幼儿园在体育活动经费的投入方面出现不均衡的情况，一些民办幼儿园由于体育方面的经费不足，导致活动场地和体育器材都出现短缺的情况，这种情况的出现导致幼儿健康教育方面的目标很难完成。

施工设备及人员安全控制措施。工程基坑开挖以机械为主，采用人机联合作业。合理选择和安置设备，科学安排施工人员是工程顺利开展、完成的基础和保障。例如，本次工程投入的起重机包括门式、塔式、履带式三种，每种起重机所需的地基承载力各不相同，应用于挖土工程的不同阶段。要想用好这三种起重机，施工人员不仅需要熟悉起重机的使用条件，而且要对不同阶段施工环境进行准确测量和把握。

工程施工设备种类多，数量大，施工范围广。要保证工程的顺利竣工，必须重视施工设备的安全控制。首先,对各类设备进行测算,确定每台设备的施工条件,并将各设备合理安排到各施工环节中;其次,做好设备维护和检查。专门设置设备检修和维护人员,定期对每台设备进行保养维护。在使用前,对每台设备的各个工件都要进行检测,确保施工过程中设备能够正常、准确、灵敏、可靠地运行;对设备的使用、存放、检修等都要有详细的记录,设备交接时需对工件情况、运行情况进行检查;另外,设备操作过程中需严格遵守操作规程。

施工人员的安排,不仅包括技术人员、后勤人员、安全技术人员等工作位置和工作内容的设置,而且包括施工过程中各工种的配合,每人应完成的工作任务和应承担的安全责任等。例如,在施工期间,基坑开挖进度主要依赖机电设备的运行情况。在这一时期,设备操作人员和维护人员的工作安排必须与工程进度和设备情况相配合,保证设备的正常运转使这一工程阶段顺利完成。另外,一些特殊设备需要特种作业人员,相关工作人员必须具备相应的技术素质、应变能力。同时,要明确各工作人员的岗位责任,强化工作人员的责任意识。

在复杂的城市环境下深基坑开挖工程面临诸多难题,在施工前应根据周围建筑物情况、地质条件等实际问题,充分做好防排水施工安排、设备安置、应急预案制定等工作。科学的数据分析,恰当的施工方案,完备的安全技术,是本次工程成功完成的基础和保障。

第三节 深基坑开挖的质量及安全管理

某建筑工程占地面积约为 $6507m^2$,总建筑面积约为 12.65 万 m^2,属于深基坑工程,基坑开挖深度为 8.83~10.79m,开挖长度和开挖宽度分别为 263m 和 58m。工程项目位于城市主干道一层,南侧属于居民区,基坑与居民楼之间的最近距离为 5.65m,东侧有一综合性办公楼,总高度为 50.2m,距离基坑最近距离为 6.2m。为确保施工质量和安全,必须加强对深基坑开挖作业管理力度。

一、深基坑特征

深基坑开挖作业一般体现出以下几个显著特点:第一,复杂性。深基坑开挖受地质条件、管线分布、周围建筑、天气气候、交通管制等众多因素的影响,工程易发生变化,整体施工情况较为复杂;第二,临时性。深基坑支护通常都属于临时性结构,所投入的资金有限,安全性较低,存在较大的风险问题,安全事故发生概率较高;第三,区域性。深基坑开挖与现场地质条件和水文环境有着直接关系,支护形式也需要结合工程实际情况做出最佳选择,即便是同一地区也会有所差异;第四,时空效应性。深基坑开挖作业过程中,支护结构在不同时间段和不同空间结构下的受力情况是不一样的,开挖尺寸、开挖时间、开挖方式及土层蠕动等,都会对其造成影响。这些都是深基坑所具备的特点,决定了其开挖难度较大。

二、深基坑开挖施工管理现状

基于深基坑所体现出的特点,必须提高对施工管理的重视力度,但是就当前实际管理情况来看,仍存在较多突出问题有待解决。首先,在施工勘察阶段,勘察点设置不合理,难以保证所得全面、详细的勘察资料,甚至个别施工单位没有针对深基坑开挖制定专项设计方案。其次,深基坑开挖作业过程中,监理工作不到位,没有严格把关勘察结果、设计方案、施工计划,不具备全程监理意识,无法及时掌握开挖作业动态情况。另外,没有根据工程规模及施工环境科学设置变形观测点,不能准确把握支护结构的受力特征,也无法及时获取有效监测数据,存在较大安全隐患。再者,深基坑开挖作业管理体系不完善,施工现场比较混乱,缺乏科学管理和有序组织,存在盲目作业行为,材料和设备乱丢乱放,安全防护措施不到位。这些都是现阶段深基坑开挖施工管理中不足。

三、深基坑开挖质量及安全管理对策

在深基坑开挖过程中,应从以下几方面,立足于工程实际,落实好质量和安全管理工作。

(一)施工准备

在开展深基坑开挖作业时,应先做好施工现场勘查,获取地质条件、水文环境等较为全面、详细的资料。然后对图纸进行审核并完成技术交底,相关人员熟悉完图纸后,应提出合理化意见,一同对设计图纸进行优化和修正。同时,要根据工程量、施工要求,制定切实可行的施工方案和施工组织计划,尤其要注意关键工序和特殊工序,设置施工控制目标,对资金、人员、材料、设备等做出合理化配置,保证施工进度。另外,明确施工程序以及各专业工种之间的配合关系,做好分工合作,落实管理责任,实施层层交底,并将书面交底存档。

(二)土方开挖

土方开挖之前,需要通过定位放线确定其长度和宽度。该工程使用反铲挖土机进行开挖作业,开挖深度为5.5~6.7m,开挖量较大且工作面集中,采用分层方式由北向南推进,同时采用人工作业方式处理边角土方。为方便土石方输送,施工现场设置了宽度为6m,坡度为12%~15%的斜坡作为运输通道。在地下水位以下挖土时,应采取降水措施,包括排水沟和集水井,当水位低于作业面50cm后才可继续施工。开挖作业时为控制标高应及时复撒灰线;作业时需做好记录工作,积累施工资料,包括施工日记、验线记录等,并在换班时进行交接;时刻监测平面控制桩、基坑平面位置、水准点、水平标高、边坡坡度等,确保施工安全;及时跟进浇筑砼垫层,保护好成品;做好边坡和周围建筑物监测,当发现出现变形或下沉现象时，应及时采取针对性防护措施，保证施工安全。

（三）基坑排水

深基坑开挖过程中，应尤为重视防水和排水工作，该工程地下水较少，采取排水措施时主要考虑地表水。首先，先在基坑边坡上方用混凝土制作保护层，厚度为10cm，将排水沟设置规格为400x400的排水沟，避免地表水冲刷基坑，另外，基坑上部开口处，应在周围设置截水沟和土堤，积水较多时及时用水泵抽排水管道。同时还应该针对渗水现象采取有效处理措施，渗水较少时，进行修补即可，所用材料为水泥砂浆和水玻璃；对于局部渗水较多情况，可利用引流管将渗水导入排水沟；出现大面积渗水时，在进行钻孔作业，采取压密注浆法进行止水。

（四）安全管理

为保证深基坑开挖安全，必须做好安全技术交底，提高施工人员对工程的认识，并强化安全意识；施工单位应落实好工人的安全教育工作，严格要求施工人员按照安全技术措施标准进行操作。另外，应加强安全检查力度，对施工现场进行每日巡回检查，掌握施工动态，发现问题时及时整改；并对施工临时用电、施工机具等设备进行检查，保证其正常使用。

在城市化建设进程不断加快背景下，深基坑工程数量随之增多，且开挖规模也变得越来越大，这对施工质量和安全管理提出了最高的要求。在实际作业过程中，应充分掌握深基坑的基本特征，根据现场作业环境和施工条件，借鉴以往工程经验，制定科学、合理的深基坑开挖方案，做好支护和排水工作，并时刻监测支护结构的受力情况，加强对深基坑开挖质量和安全的管理力度，确保施工的安全、有序进行。

第四节 深基坑开挖工程的质量监督管理

我国房地产行业发展迅速，基础设施建设规模越来越大，深基坑开挖施工环境复杂，技术难度较大，要求加强质量监督管理。对此，本节首先对房屋建筑中深基坑开挖工程的质量监督管理的重要性进行介绍，然后对质量监督管理的影响因素以及优化对策进行详细探究，以期促进房屋建筑工程深基坑开挖施工质量的提升。

现如今，城市化进程不断加快，而土地资源紧缺问题越来越严重。在房屋建筑工程施工中，需要对土地资源进行在开发利用，施工环境复杂，尤其是在地下工程施工中，需要对基坑开挖进行科学合理的设计，并加强施工过程监督管理，避免在开挖施工中造成严重事故，保证项目建设的顺利进行。因此，对房屋建筑工程深基坑开挖质量监督管理要点进行深入研究迫在眉睫。

一、房屋建筑中深基坑开挖工程的质量监督管理的重要性

房屋建筑工程深基坑指的是，在确定基础设计位置的基础上，根据基地标高以及基础平面尺寸所开挖形成的土坑。在不同施工环境中进行深基坑开挖时，水文地质条件、基坑内部构造等均有一定的区别，因此需应用的施工方式也有所不同，在进行深基坑支护体系的设计以及施工过程中，均应注意坚持因地适宜的原则，保证施工质量。对此，在进行房屋建筑工程深基坑开挖施工过程中，必须加强质量监督管理，采取有效的管理措施，保证项目建设的顺利进行。

二、房屋建筑中深基坑开挖施工复杂性影响因素

（一）基坑开挖人力因素

在深基坑开挖施工中，人力因素的影响比较大，设计人员需要提高对于房屋建筑工程施工环境的认识度，并对设计图进行仔细分析。另外，施工人员、安全管理人员以及建立也需要对设计图以及施工操作方案进行仔细分析，避免任何环节出错，影响基坑开挖施工。

（二）水文地质的影响

水文地质对于深基坑开挖的稳定性会产生较大影响，在降水或者排水的影响下，局部地下水位下降，土层压实度增加，容易造成地表发生不均匀沉降。如果地下水下降，则会增加地基基础重量，一般对于地基基础的影响比较小，但是，如果压缩层下降，则会造成压缩层以上的岩土重量增加，容易造成地基基础沉降，导致房屋建筑工程发生变形破坏。对此，在房屋建筑工程深基坑施工中，必须高度重视水文地质对于基坑开挖施工质量的影响。

（三）地下管线的影响

随着城市化进程的不断推进，基础设施建设项目逐渐增多，地下管线敷设种类和数量也随之增加，比如煤气管道、供热管道、雨水管道、电力电缆、通讯光缆等等。在房屋建筑工程深基坑开挖施工中，如果基坑底部隆起，或者支护结构发生位移，则会造成基坑外地层发生沉降变形，进而造成地上管线也发生一系列连锁反应，如果超过其承受限定，则会造成严重破坏。

（四）噪声安全的影响

在房屋建筑工程深基坑开挖施工中，在机械设备掘土、碾压等施工环节，会产生巨大震动以及噪声，这样就会造成地表层面不同程度的敏感，导致房屋建筑工程地基发生不均匀沉降。

三、房屋建筑中深基坑开挖工程的质量监督管理要点

（一）前期工作筹备

在房屋建筑工程施工前期，建设单位应向项目建设其他参建方详细介绍工程设计图纸以及施工方案，同时各方需要进行沟通交流，判断在施工过程中可能会遇到的安全事故和质量问题，并确定各个单位的意见。

在深基坑施工中，可能会对周边道路工程、地下管线、建筑工程造成不良影响，对此，需对施工现场进行测绘和拍摄，详细记录现场资料，并且安排具有一定资质的机构对变形量进行监测，对安全性能进行评估，并出具完整的评估报告。

（二）勘察、设计过程

在房屋建筑工程深基坑开挖施工前，勘察单位应严格依据相关规定对项目建设区域进行勘察，对勘察结果做好整理，判断施工区域地质条件是否符合相关要求。在深基坑开挖施工中，如果出现异常情况，则勘察单位应做好配合勘察工作。

在深基坑开挖施工中，需根据深基坑安全等级确定沉降、水平位移以及结构变形的允许值，并且对于施工设计组织方案、监测内容、开挖流程等都需要明确要求。

在对设计图纸进行会审时，对于各个单位所提出的问题，应组织各方进行商谈，并做好详细记录和保存。在图纸会审中，需要对施工图进行补充修改，尽量减少在施工过程中对施工方案进行修改或者变更。在房屋建筑工程验收和交接中，对于图纸会审，需纳入档案中进行保存，便于后期查阅。

（三）工程施工监测

在房屋建筑工程深基坑开挖施工前，建设单位可委托具有一定资质的第三方监测机构对开挖施工过程进行监测。监测单位需综合考虑深基坑开挖施工环境、设计文件要求、水文地质条件等因素，制定完善的监测方案，在获得建设单位以及监理单位的许可后，即可执行监测方案。

在进行深基坑开挖施工过程中，如果需要对设计图以及施工方案进行变更，则应该组织各个单位进行科学研究，然后对监测方案进行调整。对于监测所得结果，应及时汇报给相关单位，如果发现报警值，则应立即采取应急预案，及时排除安全隐患，保证深基坑开挖施工的顺利进行。

有些深基坑开挖施工项目的规模比较大，危险性较高，对此，项目负责人、技术负责人、勘察人员、设计人员等均应参加专家论证中，对专项施工方案的完整性和可行性等进行论证分析，及时提交论证结果，并对专项方案的修改提出指导性意见。

在房屋建筑工程深基坑开挖施工中，为了保证施工质量以及施工安全，应重点加强对于施工难点、施工重点、容易忽视部位的质量监控管理，采取有效的监督管理活动，监督

施工单位是否严格依据操作规范、技术标准、设计图纸、施工方案等组织施工，及时发现并纠正不规范施工行为。

（四）施工、监理过程

在具体的施工过程中，施工单位应安排专人在施工现场对深基坑施工方案的落实情况进行监督和检查管理，如果发现异常数据，则需立即停止施工，组织技术人员查明原因，结合实际情况制定解决方案，然后再施工。另外，在深基坑开挖施工过程中，还应将深基坑设计文件以及施工标准作为依据，对项目建设质量进行检测和验收。

（五）深基坑后期使用的监督管理

在房屋建筑工程深基坑施工完成后，还需要对深基坑后期使用效果进行检查验收，具体内容如下：对已完成设计内容、施工技术资料等的完整性进行检查；对施工现场支撑结构的拆除情况、监测结果进行检查。在具体的检查验收过程中，要求各方参与单位均应积极参与其中，对于验收结果做好详细记录。另外，建设单位负责人在对深基坑后期使用情况进行验收的三个工作日内，将验收资料和审查结果汇报给质监机构，然后由质监机构对深基坑工程质量验收结果进行监督。

综上所述，在房屋建筑工程深基坑开挖施工中，容易受到各类因素的影响，比如施工技术水平、不良地质、施工方案等等，对此，必须加强施工质量监督管理，做好前期工作筹备，对勘察、设计、施工以及验收过程进行监督管理，保证深基坑开挖施工的顺利进行。

第五章 深基坑支护工程理论研究

第一节 深基坑支护设计与施工

建筑行业的快速发展以及各类高层、超高层建筑的不断涌现，深基坑支护技术的应用日渐广泛。对于其设计、施工，越来越多的人开始关注，通过合理的设计、施工管控，提升深基坑支护工作的施工质量，从而提升建筑工程整体施工质量，增加企业经济效益的同时提升建筑整体质量水平，为人们提供更为安全、可靠的居住环境。论文分析了建筑工程深基坑支护设计与施工方面的要点内容，提出了深基坑支护技术未来发展的趋势。

经济社会的快速发展，带动城市化建设进入一个新的发展时期，城市规模不断扩大，人口不断增加，各类高层、超高层建筑屡见不鲜。而这些建筑的基坑开挖深度越来越大，为确保建筑基坑支护工程的稳定性，需要做好其设计、施工工作，充分掌握深基坑设计与施工工作要点，确保支护结构稳定、安全，做好土体变形监测。因此，找寻更为安全可行、经济合理的深基坑支护设计与施工方法是当前非常重要的工作之一。

一、深基坑支护设计要点

（一）支护结构设计

当前，深基坑支护设计及计算工作是建立在极限平衡理论基础上的，在实际的深基坑支护施工过程中，其受力情况较为复杂。大量实践证明，极限平衡理论计算出来的相关系数只能为深基坑支护结构设计提供参考，无法满足相关标准规范的要求。在基坑开挖过程中，起先土体处于平衡状态，然后不断松散、扩展，但经过长时间的开挖，土体变松范围逐渐扩大，甚至出现土体变形。因此，需要提前做好设计计算工作，综合多种因素考虑支护结构设计，充分认识基坑周边土体作用，还原土体各类物理特性，合理取值，确保支护结构更为安全、稳定，在基坑开挖完成后，及时进行土体的原位测试与试验，获取更为精准的资料，积累相应经验，努力提升设计水平，降低事故隐患概率。

（二）土体力学参数

深基坑支护结构需要长期承载外部土体压力，其大小会影响深基坑支护结构的稳定及安全。由于工程环境及水文地质条件复杂，各类压力参数的计算难度较大，需要采用最为基本的计算方式进行处理。对于土体的力学参数来说，排选也非常困难，特别是在基坑开挖完成后含水率、摩擦系数、土层黏聚力参数始终处于变化当中，要想精准计算深基坑支护结构的实际受力情况是非常困难的。深基坑支护结构设计期间，如果不能获取较为准确的力学参数，则会直接影响后续的设计效果，因此，必须结合深基坑支护结构施工工艺方式，尽可能确立准确的各项土体力学参数，为深基坑支护结构设计提供参考。

（三）支护空间效益

通过监测深基坑开挖过程中的各项数据可以知道，基坑外部土层会不断地向基坑内部倾斜，一般情况下具有沿水平位移方向呈中间大两边小的趋势，长期下来会造成基坑边坡失稳。这种情况表明，基坑开挖与空间之间联系较为密切，对深基坑支护结构起到良好的支撑作用。较为常见的支撑方式包括内部拉锚式支撑，通过多个辅助杆来承载水平方向的力，起到单根支撑及整体支撑的作用。实际的深基坑支护结构设计过程中，对于内撑式支护结构的空间效应考虑较少，且内撑式支护结构只能提供水平方向的支撑作用，无法满足深基坑支护的要求。

（四）基坑土体取样

深基坑支护结构设计前必须开展基坑土体取样，选择相应的样品进行分析、检测，确保土体的物理参数指标能够满足现场工程建设需求，同时，为深基坑支护结构设计提供更为准确的数据。一般情况下，深基坑开挖区域要限制一定的开挖范围，并严格依照相应的操作流程、准则和工序进行开挖取土，为了降低工程造价，减少工作量，要合理控制开挖井的数量和深度。而在基坑土体取样过程中，存在一定的随机性和不完全性，所获取的土体数据可能会出现差异，无法真实反映土体变化情况，因此，必须采取有效措施，结合现场施工环境及水文地质状况进行基坑土体取样，减少深基坑支护结构设计出现的干扰因素。

二、深基坑支护结构施工要点

（一）现场施工

深基坑支护工程实施过程中涉及挖土、挡土、围护、防水等多个环节，任何环节的问题都会直接影响现场工程建设整体质量，甚至发生严重事故。施工单位需要严格依照施工标准流程、规范，制订科学的施工组织设计和技术方案，对各类施工要点进行有效的过程管控。避免现场施工过程中对周边建筑、环境产生不利影响。

（二）止水效果

深基坑支护施工过程中不可避免地会遭遇地下水问题，地下水位较高的区域，其危险程度较高。一般情况下，地下水来源于上层滞水、潜水、承压水、雨水及基坑周围的渗漏水，来源较为复杂。加之存在丰水期、枯水期的水位变化，在制订基坑止水方案时，要从深基坑工程的防降水以及排水方面进行综合考虑。结合地质勘探资料，深入分析地下水形成原因，了解深基坑周边环境，采用以堵为主、以抽为辅的处理方式，避免造成基坑周围土体与水体的流失。

（三）信息化管理

深基坑施工质量问题本质上就是基坑刚度和稳定性问题，即基坑支护结构是否出现形变、沉降、水平方向位移或倾斜，以及支护结构是否有裂缝以及基坑底是否产生隆起和变形，若发生这些问题将导致基坑支护结构施工存在问题。基坑支护结构信息化管理的主要手段，是安排专业施工监测人员对基坑现场及周围建筑物进行监测，根据基坑开挖期间监测到的基坑支护结构或岩土变位等情况，比照勘察、设计的预期性状，动态分析监测资料，全面掌握位移的大小、方向、变化频率，对照报警标准，预测下一阶段的动态变化，及时对施工中可能出现的险情进行预报，超过位移设定的预警值时，应及时采取有效的应对措施，确保工程安全。深基坑支护结构工程监测的主要内容有：支护结构顶部水平位移；支护结构沉降和裂缝；邻近建筑物、道路的沉降、倾斜和裂缝；基坑底隆起等。

三、深基坑支护技术未来发展趋势

深基坑支护技术未来的发展是建立在其他技术手段发展的基础上的。简单来说，其未来发展趋势主要表现在以下几个方面：

（1）充分发展运用喷射混凝土技术，这种技术主要是由于深基坑支护过程中采用大量土钉墙方案，为减少喷射混凝土的回弹量，并保护基坑周边环境，湿式喷射混凝土的施工方法的应用较为广泛。

（2）施加预应力对基坑形变进行控制，在后续的深基坑支护工程中，通过对基坑周围土体进行加固，采用注浆、深层搅拌等技术手段控制土体形变是非常有效的手段。

（3）两墙合一逆作法作为未来深基坑支护的主要发展方向，能够满足工程造价、工期等因素的要求。但是，在选择这种处理方式时，需要注意逆作法施工受桩基承载力限制，具体实施过程中需要采用一柱多桩方式进行处理，这种情况造成施工成本、难度的增加，在实际施工过程中，为提升工程建设效率，选择提升单桩承载能力的方式进行处理，使得上部结构可以解除之前的限制。

在深基坑支护设计与施工工作中，不同类型的施工技术需要相适应的设计方法与其进行对应，而这些工作的需要在了解工程现场特点的基础上开展，只有这样，才能确保深基坑支护设计与施工满足建筑工程实际需求。深基坑支护设计与施工是一项系统性工程，其结构设计与施工管理都需要从整体出发，协调各部分内容，达到安全可靠、经济合理的建设目标。

第二节　深基坑支护施工及质量控制

根据建筑工程深基坑支护施工要求,从支护桩施工、土方开挖、深基坑支护、排桩加环撑、安全防护等方面,阐述了深基坑支护施工技术,并提出了施工质量控制措施,从而增强建筑结构的稳定性和安全性。

在社会经济持续增长背景下,城市现代化建设活动的持续推进,越来越多高层和超高层建筑涌现。深基坑支护作为建筑工程中的基础部分,施工难度也在随之提升。深基坑作为大型或高层建筑施工的重要组成部分,加强深基坑支护结构技术研究有助于确保施工活动有序开展,为建筑结构稳定性和安全性打下坚实的基础和保障。高层建筑为了有效满足地基荷载需求,需要充分结合工程实际情况,对于包括地下室设计的深基坑,应该采用桩柱支护结构。做好基坑支护工作,有助于确保建筑工程施工质量,保护施工人员生命财产安全,创造更大的经济效益。由此看来,加强深基坑支护施工质量控制研究很有必要,有助于为后续施工活动有序开展打下坚实的基础和保障。

一、建筑工程深基坑支护施工要求

深基坑支护施工中,对于施工流程的规定,主要包括以下几个方面:做好施工前期准备工作,支护桩、连系梁和锚杆施工,最后进行土方挖设工作。总的说来,在支护桩施工中,主要是通过人工开挖方式进行作业,并借助混凝土墙壁做护壁;连系梁施工中,首先需要进行基槽开挖施工,深度满足锚杆标准后,方可进行后续的钻孔、注浆和连系梁安装等活动;最后进行锚杆试验;土方挖设期间,挖出的土需要及时运输到其他区域,保证施工区域作业干净整洁。在整个施工过程中,需要对施工活动进行全范围分析和监督,有针对性提出合理改善措施,为后续安全管理工作开展提供参考依据。

在施工方案的指导和规划下,开展后续的深基坑开挖和支护工作。在这个过程中应该全方位考虑支护结构和降排水设计要求,制定完善的施工方案,确保开挖范围和支护顺序同施工要求相一致。基坑开挖中,根据质量控制要求,选择合理措施予以控制,避免发生支撑碰撞的现象,影响到工程整体结构稳定性。故此,需要尽可能降低深基坑开挖时间,避免支护结构长期处于暴露状态,同时维护支撑结构稳定性,避免围护结构发生变形、沉降,影响到后续工程施工活动的有序开展。

二、建筑工程深基坑支护施工工艺分析

（一）支护桩施工

在深基坑支护桩施工中，作为深基坑工程中的基础部分，占有十分重要的地位，主要是起到承载外力作用，多数是通过人工挖设桩柱和钢筋混凝土护壁构成。任何一个施工环节出现质量问题，都将影响到深基坑支护工程施工质量，甚至埋下一系列施工安全隐患，发生安全事故。

（二）土方的开挖

在土方开挖中，施工人员需要充分提高土方开挖的认知和了解，为了避免对施工活动有序开展产生深远的影响。基于此，土方开挖后需要及时运输到其他区域，远离作业区域，确保施工现场的干净整洁，尽可能降低对周围环境带来破坏和影响。如果在施工过程中出现突发状况，在土方开挖中损坏了线路管道，需要停止施工，及时检查破坏程度，经过完善的处理后方可开展后续的施工活动。

（三）深基坑支护施工

深基坑支护施工中，由于工程自身较为复杂，施工涉及内容较广，施工方法选择需要根据深基坑支护要求选择，不同的深基坑所选择的支护方式存在明显的差异，当前主要应用的深基坑支护施工包括地下连续墙支护技术、锚杆支护技术和土钉墙支护技术，根据实际工程要求来选择支护技术，有序开展后续施工活动。

（四）排桩加环撑

在建筑工程中排桩施工，主要是指根据某种排列方式形成的基坑支护结构，在施工中可以配合环形支护技术使用，更高质量地完成建筑深基坑支护工作。借助钢筋混凝土灌注桩和挖孔桩进行排列，在此基础上构建地下各个层级，提升建筑工程支护结构的稳定性和安全性。

（五）深基坑支护的监测

深基坑支护施工中，监测工作需要全面落实到施工的各个环节，尤其是施工重点部分，需要加强施工监测，更加全面的掌握施工情况，确定工程监测周期，可以及时有效发现其中存在的问题，寻求合理的解决对策予以解决，提升施工质量。

（六）安全防护措施

深基坑支护施工中，安全是一个不变的内容，安全管理工作需要贯穿到工程各个施工环节，严格约束施工人员的施工行为，确保施工活动有序开展。同时，需要注意的是，深基坑支护施工中，由于基坑较深，所以很容易出现地下水渗漏问题，影响到施工安全，所

以还需要做好深基坑防水工作。

三、深基坑支护施工的质量控制措施

（一）优化深基坑支护施工流程

在深基坑支护施工中，施工人员需要遵循施工流程进行施工，任何一个施工环节出现问题，都将影响到后续施工活动的有序开展，进而威胁到工程整体质量和安全。施工单位需要根据实际情况优化施工流程，遵循施工方案选择合理的施工方法，掌握施工关键点，进一步优化和完善施工方案。更为重要的是，为了确保施工活动有序开展，需要在施工前做好地质勘查和现场调查工作，选择合适的施工季节组织施工活动开展，确定深基坑开挖深度，为后续施工活动开展奠定基础，提升施工质量。

（二）深基坑土方防水质量控制

深基坑支护施工中，防水质量控制很有必要，主要是由于深基坑较深，所以很容易出现地下水渗漏，致使深基坑中出现积水问题，危害到工程支护结构的稳定性和安全性，严重情况下可能出现结构崩塌的现象。故此，在深基坑支护施工中，防水质量控制需要从防水、降水和排水三个方面着手。在制定防水方案时，结合地质勘探结果，地下水位和周围地质环境等因素，在传统单一的不间断抽水方式的基础上，进一步建立止水帷幕，以此来实现对深基坑土方防水控制，主要包括以下几个方面：①保证桩体质量。水泥浆浓度不均匀是一种普遍存在的质量问题，可能直接影响到桩体质量，出现泥浆不均匀问题。故此，需要确定合理水泥浆掺量，尤其是针对复杂地区，更要做好桩体质量控制工作，提升防水效果；②深基坑支护结构上不可组织施工，可能破坏止水帷幕。甚至损害深基坑支护结构，止水效果受到严重影响。除此之外，还要做好深基坑支护施工周边环境监测，结合实际监测结果动态优化和调整，尽可能降低事故带来的损失；基坑在替换支护方式时，需要根据技术要求进行准确计算，制定完善的施工方案，切实将各项工作落实到实处。

（三）深基坑支护施工信息化管理

深基坑支护施工中，质量管理工作中运用现代化信息技术手段，提升技术人员自身的专业能力和信息化水平，实现对基坑周边动态监测，确定基坑深度、地下水位和岩土变化等，对比分析设计方案，实时监控数据大小变化，了解其中伴随的风险系数，及时有效的予以解决和完善。同时，对后续深基坑支护施工进行预测，如果超出预警值需要及时停止施工活动，同时选择合理的措施予以控制，提升施工质量。

在深基坑支护施工中，首先需要明确施工重要性，对于建筑工程整体质量产生的影响，协调工程进度、质量和成本之间的关系，确保施工方案各项要求能够落实到实处，全范围控制深基坑支护施工质量，只有将质量管理工作落实到各个环节，才能有效提升施工质量。

第三节　基坑支护工程监理控制要点

结合永凯现代花园工程实例，从监理工作的事前控制、事中控制、事后控制三个方面出发，对深基坑支护工程监理工作的控制要点进行了分析和探讨，阐明在施工过程中应注意的监理质量、安全控制要点，以便为实际工作提供参考和借鉴。

一、工程概况

永凯现代花园位于南宁市长湖路与长园路交叉路口处，工程占地面积 5 350 m^2，地上 22 层，地下 2 层，地下 1 层层高 7.7 m，地下 2 层层高 4.20 m。地上 1～3 层为办公用房，4 层为架空花园，5～22 层为住宅。本工程结构形式为框支剪力墙结构，结构转换层设在第 5 层。基础采用机械钻孔灌注桩 + 筏板基础，基坑平面尺寸 65 m×56 m，基坑开挖深度 -12.6 m，中间电梯井位置开挖深度达 -14.1 m，基坑开挖的范围长约 260 m。

二、水文地质

根据地质报告，在基坑施工影响范围内的土层分布为：1 层为杂填土；2 层为淤泥质黏土；3 层为黏土；4 层为粉质黏土；5 层为含砾砂粉质黏土；6 层为圆砾；7 层为泥岩。基坑西北角有一条未完成的城市排水主干道，场地内承压地下水在地面下 -9.0m～-10.5m 左右，水量大。

三、场地特征

基坑周边环境复杂，施工场地狭窄，是本基坑工程的特点、难点。

（1）基坑东面南段。该范围基坑侧壁紧邻某医院的两幢七层砖混结构住宅楼，为片石条形基础，埋深 1.6 m，该基础对基坑的变形较敏感，基础外边线距基坑边缘较近。

（2）基坑南面、西面有一条埋地高压电缆沟，基坑边缘距该电缆沟很近。

（3）基坑西北方向有一座高压输电铁塔，该铁塔的混凝土基础较浅且距基坑边缘很近。

（4）基坑西北角有一条未完成的城市排水主干道，暗渠端头用砖墙体砌筑封堵，紧邻暗渠端头位置有一口 2 000×2 000×5 000（深）的临时检查井，该检查井距基坑边缘较近，渗漏严重，透水性强。

四、优选基坑支护方案

根据本工程基坑支护设计图纸及现场实际情况，采用以下几种支护形式：

（1）支护结构设计的重点是基坑东面的南段。该范围的基坑侧壁紧邻某医院的两幢七层砖混结构住宅楼,该住宅楼为片石条形基础,基础埋深 1.6 m,该基础对基坑的变形较敏感,且距基坑边缘较近,不具备放坡开挖条件。按基坑支护设计图纸,该部位的基坑支护安全等级为一级,为保证建筑物的正常使用和安全,采用 17 根直径 1 000 mm 的钢筋混凝土钻孔灌注桩 + 预应力锚索支护,既满足场地狭小的施工条件,还能有效控制支护结构的变形和周边建筑物的沉降。如果仅用悬臂式排桩支护桩顶,水平位移相对较大,建筑物容易因沉降而产生裂缝。所以采用排桩与预应力锚杆组合支护,可以有效控制支护结构的变形,从而确保基坑开挖的安全和周边建筑物的正常使用。此外,为保证建筑物的正常使用及顺利施工,避免日后扯皮,作为项目总监理工程师在基坑土方开挖前及时向业主提出,需委托有检测资质的第三方对医院的两幢七层砖混结构住宅楼每户的房间墙面、楼地面、天花板及建筑物外墙、室外地面等情况进行检查、检测并作详细记录。业主经研究后及时采纳这一建议,委托了广西区检测中心对上述内容进行了检测。检测情况的书面材料也经过医院方面的确认,使基坑支护工程得以顺利施工,未发生扯皮现象。

(2)基坑南面、西面有一条埋地高压电缆沟,基坑边缘距该电缆沟很近。该范围的基坑支护采用土钉支护,通过挂钢筋网,喷射混凝土及水泥浆土钉的共同作用,提高土体的自承载能力,将产生负荷的一部分土体转化成支撑结构的一部分,同时提高土体稳定性。其中土钉是将拉力传至稳定岩土层的构件,它通过钻孔、插筋、注浆来设置。本工程设计的放坡坡度较陡,坡面为 C20 喷射砼面层,厚 100 mm,挂 $\Phi 8@200 \times 200$ 的钢筋网,加强筋 $2\Phi 14$,喷锚面布置 $\Phi 50@2 400 \times 2 400$ 的泄水孔。土钉孔径为 130 mm,土钉钢筋采用 $\Phi 28$、$\Phi 32$ 螺纹钢,钢筋端头与 $200 \times 200 \times 8$ 钢板焊接,土钉注浆为 M10 纯水泥浆,土钉长度 15~18 m。喷锚土钉支护面插入坑底 200 mm。该工程原地面以下 3 m 范围的土质较差,均为回填土,土钉成孔困难,土体变形较大。根据实际情况采用 $\Phi 48$ 钢花管取代钢筋锚杆,原地面 3 m 以下至基坑底范围仍采用土钉支护,取得了较好的效果。

(3)基坑西北方向有一座城市高压输电铁塔,该铁塔的混凝土基础较浅且距基坑边缘很近。基坑支护设计图纸未有相应的处理措施,项目总监理工程师在基坑土方开挖前及时提醒业主与供电部门及设计单位联系,由设计单位按供电部门的要求提出具体的处理方案。采用在紧邻高压输电铁塔混凝土基础侧面增加一根直径 900 mm 的钢筋混凝土人工挖孔桩,人工挖孔桩两侧增加多道钢筋锚杆抱桩的处理方案,确保了高压输电铁塔的安全。

(4)基坑西北角有一条未完成的城市排水主干道,暗渠端头用砖墙体砌筑封堵,紧邻暗渠端头位置有一口 $2 000 \times 2 000 \times 5 000$(深)的临时检查井,该检查井距基坑较近,渗漏严重,透水性强,如处理不当,将影响到基坑安全。项目总监理工程师主动找施工单位、业主技术人员一起考察现场,分析问题。在这一部位施工前,确定具体的应对措施。根据现场实际和难点所在,采取了先抽水再用黏土将检查井作回填夯实处理,沿检查井外侧打入 $\Phi 48$ 钢花管,横向焊水平钢管,稳固检查井。紧接着通过注浆、喷射砼面层等措施解决了检查井渗水问题。

五、监理控制

深基坑是指开挖深度超过 5 m 的基坑。而基坑支护指的是为保证地下结构施工及基坑周边环境的安全,对基坑侧壁及周边环境采用的支挡、加固与保护措施。深基坑施工,必须要有一定的维护结构用以挡土、挡水,维护设施必须安全有效。根据本工程深基坑施工特点,监理单位制定了相应的监控要点,包括支护桩施工、土方开挖、土钉墙施工、降水、工程桩施工、基坑及周边监测等各个方面。根据设计图纸、有关规范和本工程实际情况,本工程监理工作着重做好事前控制、事中控制和事后控制这三项工作。

(一)事前控制

(1)监理人员要熟悉和掌握设计图纸、国家有关规范。通过考察现场,分析问题及图纸会审,及时防止设计上的缺陷和漏洞。并根据同类工程的施工监理经验及工程特点编写监理规划、监理细则,用于指导项目监理工作。

(2)了解周边管线及建筑物情况,包括地下水管、电缆、电信、煤气管线等位置及埋深情况,了解周边建筑物基础类型及埋深情况。熟悉地质勘查报告,注意检查地质报告的内容是否与现场情况相符,特别是初见及稳定地下水位等情况。基坑支护施工的成败,在很大程度上取决于对地下承压水情况的掌握是否准确。只有熟悉场地水文地质条件,才能及时正确地处理现场问题,达到事先控制的目的。

(3)项目总监理工程师对施工单位编制的基坑支护工程施工方案进行审查时,在了解工程项目特点和技术难度及可能出现的不利情况的基础上,重点审查:是否符合设计图纸及有关施工规范的要求、施工工艺是否具备可操作性、质量安全保证体系是否健全;特别是针对现场环境的客观情况,确保工程质量、安全的技术组织措施的是否有效。如项目总监理工程师在对施工单位编制的基坑支护工程施工方案进行审查时,向施工单位提出将基坑支护施工至 -9 m 时开始施工工程桩改为基坑施工至 -8 m 时开始施工工程桩。这样做的目的主要是为了使工程桩钻机面留有近 1 m 厚保水性较好的黏土层,即地下承压水位距工程桩钻机面留有一定的安全距离,以利于工程桩的施工。此外,要求施工单位在方案中补充降水工程实施前配备匹配发电机以确保基坑施工安全的关键内容。基坑施工期间市区电网虽有几次较长时间的停电,均未对基坑施工造成大的影响。因配备了发电机,使连续不间断近 7 个月的降水工程得以顺利、安全地施工。

(4)测量放线:做好复测基准线、轴线、水准基点等工作,注意检查基坑轴线定位点,基坑开挖基线与基础底板外包尺寸是否有出入。在施工支护桩及开挖土方前,按有关规范要求,对临近基坑的建筑物,要求委托有资质的检测单位进行观测,以掌握第一手资料。

(5)根据基坑支护工程的特点,事先设置质量控制点,安排监理人员对关键工序和关键部位实施旁站监督。

（二）事中控制

（1）钻孔灌注支护桩的施工监理：支护桩主要承受水平方向的压力，所以要重点控制支护桩的桩长、桩径、混凝土强度、混凝土的浇捣及钢筋笼的制安施工，同时要注意水下混凝土浇捣质量，严防出现断桩等情况。

（2）锚杆施工质量的监理：在监理过程中，锚杆施工分为锚杆成孔、锚杆安装、灌浆、锚索张拉（锁定）四个关键部位控制点，如：①锚杆钻机在刚开始钻进的倾斜角是否符合设计要求；②终孔后检查孔深、直径等情况是否满足设计要求；③检查注浆导管的安放位置是否正确，是否能承受所要求的注浆压力；④对锚孔注浆实施旁站监理，检查注浆水灰比、注浆压力及注浆量是否达到设计要求；一般要求采取二次注浆法来保证施工质量；⑤当锚固体达到一定强度后要进行张拉试验，检查锚杆的施工质量。

（3）基坑坡面混凝土喷射施工质量的监理：喷射混凝土技术用于土层，主要难点在于防止喷层和土体的分离、脱开。施工时，可根据实际情况在混凝土混合料中加入早强剂，以提高混凝土与土体的黏结力。在施工前，应检查混凝土的配合比是否合理，挂网土钉的长度要达到设计要求，喷射混凝土应满足有关设计及规范的规定；对于土质较差，采用钢花管施工的回填土层，需要先喷射C20的砼面层，后压力注浆，而对于黏土层的土钉墙，则需先压力注浆，后喷射C20砼面层，施工结束后，监理要亲自检测喷射混凝土的厚度；若厚度不够，要求施工单位补喷至设计要求厚度。

（4）降水井施工质量的监理：基坑降水井施工质量的好坏，直接影响到基坑工程的安全，所以要重点检查井深、井径及井管滤料、深井水泵的质量，过滤尼笼网、钢丝网是否扎紧，水泵电缆是否做好保护后才能下井。成井后要立即进行试抽水，出水量及含沙量要满足设计要求。

（5）基坑监测质量的监理：监理要对基坑监测方案进行认真审核，检查是否能满足基坑安全施工的监测要求，要保证监测资料的真实性、准确性。监测重点是深基坑施工期间，基坑周边环境的变化和基坑本身的变形情况，按施工进度跟踪进行监测，及时通报检测情况。当出现报警值时，要增加监测频率，并采取相应的应急措施，以确保基坑安全。

（6）基坑土方开挖监理：基坑土方开挖施工关系到深基坑的稳定性及施工安全，基坑支护、深井降水、位移监测都是为了保证土方开挖能安全进行。如果土方开挖不按正确的方法施工，易造成基坑边坡失稳等安全事故。因此，土方开挖必须按设计规定和施工操作规程的要求进行。开挖后的作业面应在规定的时间内完成支护，不能超挖。应检查坡顶或坡面位移、坡顶沉降及周围环境变化，并做好记录。如有异常情况应采取措施，及时处理。土方开挖要善于利用监测成果，并根据监测情况随时调整土方开挖进程；要经常测量和校核基坑水平标高和边坡坡度，避免超挖和欠挖情况的发生。

（三）事后控制

按质量验收标准，对完成的检验批、分项、分部工程进行检查评定验收，包括整理收集隐蔽工程验收报审表，检验批质量验收记录表等各类报审资料，检查施工单位的资料完整性；监理过程中形成的各类技术文件资料要及时编目建档，跟踪落实验收过程中提出的需整改的问题。

六、监理实效

经过业主、设计、勘察、施工、监理单位的共同努力，在整个基坑支护工程施工过程中未发生质量、安全事故，达到了预期目的。

科学、合理、到位的监理工作是深基坑支护工程质量的重要保障，想要做好这方面工作，除了要求监理人员具备足够的专业知识、组织协调能力以外，还对责任心、工作细致程度等方面有着较高的要求。限于篇幅，本节仅从以上几个方面对深基坑支护工作的监理控制要点进行了分析，而在实际工作中，仍然有很多内容需要监理人员进行重点监督和检查，这就需要在工作中积极探索，细致观察，详细分析，深入总结。只有这样，才能切实提高监理工作的质量，充分发挥监理工作的作用，为工程质量及安全提供更多的保障。

第四节　深基坑支护施工测量与监测

日益加快的城市化进程，高楼如雨后春笋般不断涌现出来，且层高也越来越高，而这无疑也对施工过程中的深基坑支护和监测技术提出了越来越高的要求。作为一个项目的"基石"，深基坑对整个施工过程中安全性、建筑建成后的稳定性起决定作用，可以说对一个施工项目来说至关重要。

现阶段，深基坑还缺乏成熟的理论指导与技术，基坑的设计方法与支护技术均是以建设为前提的。在实际工程应用过程中，因为周边环境与地质情况较为复杂，所以造成在这部分理论与技术在实际应用中还有很多问题存在。而大量基坑工程实例均表明仅仅通过理论分析与经验估计而获取的结果往往和实际监测有很大差别。为了让基坑安全得到保证，现阶段我国大多数深基坑工程均将施工期监测项目加入其中，利用每日定点监测对监测项目的测量值予以确定，并比较测量值和预警值，以对基坑的安全状况做出预测，若达到预警值则告知相关单位，以让基坑施工与周边环境安全得到充分保证。

一、概述

深基坑工作包含有多个学科，其开挖和施工均是具有动态变化的系统工程，其中不仅有诸多不确定因素的存在，且上述因素在深基坑施工过程中也处于不断变化中。若要成功完成一项深基坑支护工作，一方面需要借助正确的理论分析将合理可靠的设计方案给确定下来，另一方面还应监测整个施工过程，以得到动态信息。

所谓深基坑支护结构开挖施工监测是在深基坑开挖过程中通过仪器监测支护结构、边坡土体、周围环境的位移、倾斜、裂缝和地下水的变化。其中支护结构、边坡主体和受其影响的建筑物的重点部位需特别监测。将前期开挖监测获取的数据、变形情况同勘查、设计比较，以可靠信息支持优化设计。提出有效建议促进后续开挖方案的顺利实施，保证开挖顺序与开挖速度，在第一时间汇报施工过程中可能出现的险情，让基坑支护结构的稳定性与周围环境的安全性得到充分保证。

二、深基坑施工监测的现状与特点

（一）现状

1.监测工作规划整体性太差

在保证基坑工程施工安全可靠方面，现场监测起到了至关重要的作用。在对原设计方案进行验证，对施工参数进行局部调整以及促进设计水平提高均给予了有效指导。但现阶段，深基坑监测还有诸多问题存在，其中包括监测缺乏系统的规划，分工不集中，衔接环节无人监管的情况经常发生。同时深基坑施工过程非常复杂，在具体施工时经常会因为实际环境与施工特点对施工方案进行调整，现在存在的一个主要问题便是施工单位往往将更多的精力放在了改变深基坑施工设计上，对改变监测方案的关注较少。于是便导致监测方案不对应施工方案的情况出现在深基坑监测过程中，让监测所起到的作用微乎其微。

2.没有完整的软件监测系统

深基坑施工过程非常复杂，且花费的时间较长，现阶段的监测依靠多种因素，包括人力测量水平位移、竖直位移、结构内力等。由于深基坑施工过程中涉及的变化与技术要素非常多，因此有很多的项目均需要监测，而这对人力、物力的要求非常高，虽然现在机器测量被运用到了一些项目中，但大多数时候整个监测过程仍然需要依靠大量的人力来完成。受这一原因的影响，所以大部分施工单位了实现成本的最大化节约，便会在监测上偷工减料。

（二）特点

1.时效性

普通工程测量的时间效应通常都不明显。现阶段，施工监测的要求已无法从普通的水准仪、全站仪中得到满足。基坑监测一般都是和降水、开挖过程相互配合，时间性非常鲜明。测量结果是动态变化的，一天前，甚至几小时前的测量结果均会丧失直接意义，为此就要随时进行深基坑施工监测，一般每天进行一次，若处于测量对象变化较快的重要阶段，则测量可一天进行多次。基坑监测的时效性对对应方法与设备的要求较高，即不仅要有很快的数据采集能力，长时间工作能力，且面对恶劣的环境条件也要能够很好地适应，如大雾、大雪天气等。

２.高精度

普通工程测量中的误差限值一般在几毫米之内，比如，若建筑物高度在 60 m 下，在测站上测定的高度中误差限值为 2.5 mm，而若无意外基坑施工中的环境变形速率不超过每天 0.1 mm，普通测量方法与仪器是无法测到如此的变形精度的，所有基坑施工中多采用一些特殊的高精度仪器进行测量。

３.等精度

基坑施工中的监测一般都不会要求对绝对值进行测量，主要是测量相对变化值。比如，普通测量要求在地面定位建筑物，这一测量是针对绝对量坐标和高程的，在测量基坑边壁变形时，只需要对边壁相较于原来基准位置的位移进行测定就行，根本不需要知道边壁原来的位置。因为这一鲜明的特点，所以让深基坑施工监测具有一定的规律可言。

比如，普通水准测量对前后视距提出了相等的要求，以将多项误差清除，包括地球曲率、大气折光、水准仪视准轴、水准管轴不平行等，但在基坑监测中，因为环境条件的影响，所以前后视距相等可能根本无法实现。而在普通测量中是不允许这样的测量的结果的，但在基坑监测中，只要保持每次测量位置的相同，就算前后视距具有很大的不同，也依然可用结果。所以，基坑监测要求应尽量保证等精度。通过相同的仪器，由同一观测者在一样的位置实施相同方案的监测。

三、某深基坑支护施工测量与监测

（一）工程概况

××工程位于××市东湖路西段北侧包含 2 幢高层住宅，并设有一层地下室，地下室地板面标高为 -4.051，底板厚为 500 mm，底板设垫层 100 mm 厚。由基坑开始挖掘，到底板垫层停止，开挖深度为 4.180 m。场地土自上而下分别为杂填土（0.40～2.80 m）、素填土（0.60～2.0 m）、局部淤泥质填土（0.50～0.60 m）、黏土（1.20～2.40 m）、淤泥（2.10-3.20 m）。上部天图中的滞水、大气降水以及地表排水为基坑开挖范围内的地下水主要构成部分。

（二）基坑的支护

将土钉与木桩联合支护结构应用于基坑支护中，具体做以下要求：①基坑侧壁的排水管可在第一时间将侧壁的积水排泄出去，进而让侧壁所承受的压力减轻，让支护安全得到有效保证；②在支护结构的组成部分中，基坑侧壁面层占据着重要位置，特别是面层中的钢筋网，所以应重点保护，以使支护结构的完整性与安全性得到保证；③为了避免有安全问题出现于支护结构中，按照设计要求，应限制堆载在基坑周围出现，尤其是提请甲方和乙方协商，尽量不要将车停放于基坑东侧和南侧等与基坑位置较近的地方。

（三）基坑测量中的仪器选择和测量方法分析

1.深层沉降仪

深层沉降仪，是一种能可精确测量出基坑内深度土层于施工过程中可能出现的沉降或隆起高度具体数据的仪器。是由磁性的材料所制作的敏感探头以及带有刻度标尺的导线所组成。当探头钻入了足够的深入，并碰触到预先埋定在钻孔中的磁性圆环材料时，沉降仪便会发出类似蜂鸣般的声响。此时便可借由测量导线标尺上的孔口高度来确认磁性环所处位置的深度，继而通过对不同时期测量结果的对比，便可确定该图层是否出现了沉降或隆起现象。至于深层沉降观测则需分为井口标高观测与场地土深层沉降两大环节，而有关井口的标高观测通常需结合常规的光学水准观测方法。

2.测斜仪

测斜仪是一种可以精确测量出铅垂方向土层以及围护结构内部水平位移的工程仪器，该仪器既可以测量单位位移，亦可测量双向位移，之后通过分析两个方向的位移总量求出其矢量和，便可得出位移的最大值与位置的方向。至于其工作原理，则是通过将带有探头的测斜仪装入塑料管内，随后将之买土壤的岩石层来观测其在水平上的位移变化。之后，若埋入现场土层的凹槽发生变化，则可借由探头测出位移的具体变化，其精确度可达到1/1 000 mm。当前，最精准的测量仪器当属加拿大 RockTest 公司所生产的 RT-20MU 型测斜仪。其其一标称与探头精度分别达到了 6 mm/25 m 与 0.1 mm/0.5 m。

（1）测斜管的埋设。①在预定的测斜管埋设位置钻孔。埋设测斜管，需首先测量出基层的总深度，由此方可确认测斜管的孔深。假设，若基底的标高以下，其某一处的支护结构土体侧向位移为零，则该基点便是侧向位移的基准点；②将测斜管底部装上底盖，逐节组装，并放入钻孔内。有关测斜管的安装，需对其内部的导槽事先予以详细检查，要确保其在埋入基坑时始终与坑壁的走向保持平行或垂直，待埋至底部时，向内注入清水，并用沙进行充填，如此便可将测斜管固定其中；③测斜管固定完毕后，在测斜管固定后，将其内部冲倒清水，一来是为了将测斜管内部清洗干净，以便放入探头模型，尔后可检查导槽内是否畅通，以防止滚轮出现滑出导槽的现象。鉴于测斜仪探头极为昂贵，故在未确认测斜管畅通前，切忌盲目放入探头；④在完成对测斜管的坐标及高程测量后，必须在管口做出警醒标志，一是为了确保探头的安全，二是为了防止意外事故的发生而延误了钻孔列表的编制。

（2）土体水平位移测量。①连接探头和测读仪。针对测读仪的电缆与探头连接，需务必使用原装扳手来扭动螺母，以避免螺母损坏。与此同时，检查测读仪的密封性是否良好、电池是否有电以及各类仪器是否能正常读数都是连接电缆与探头过程中所必须关注的问题。若发现测斜仪电压不足，则必须立即充电，以避免仪器损伤；②当将探头插入至测斜管之后，需将滚轮卡在导线上，且不能直接将探头将至套管底部，而是先将至缓慢下降到离孔底的 0.5 m 处，待降势平稳后方可再次将至沉降至底部，以避免探头损伤。而在具体的测量过程中，需以自下而上的方式沿导槽进行测量，两次测读需保持在 0.5 m 左右。当然，为切实确保测量结果的准确性，每一步的测量均需一定的时间延迟，并确保读数时的稳定与周遭环境的平衡。若对测量结果拿捏不定可再次测量，而重测的结果需覆盖此前的测量数据；③在完成首次的测量后，需将探头进行 180° 的旋转，使其对准其他导槽，之后便重复以上步骤，经过两侧的测量，当两次读数之间的差异小于 10% 且符号相反时方可确认其准确性，否则便必须予以重新测量；④基于以上方法和程序，其他导槽的水平位移亦可采取同样的策略；⑤针对侧向位移的初始值确认，应取其基坑降水之前的数据，则需经过至少 3 次的测量，若 3 次测量均无明显差异，方可选取其读数的平均值；⑥针对土体水平位移的观测，需经过多次测量。通常情况下，每次测量的间隔时间应保持在 3d 左右，而若其侧向位移的绝对值与水平位移速率较快时，则需增加观测次数。

四、施工监测

（一）施工监测点的布置

针对监测点的布置，需选取能掌握基坑支护结构位移与场地地面沉降变形情况之地，以确保基坑安全。与此同时，为防止基坑的施工过程对已有建筑物造成损坏，在基坑的挖掘过程中，需首先确保底板的建筑完成，并确保其严密性方可布置土体的水平位移监测点。

（二）基坑边坡的土体水平位移监测结果

该支护结构属于悬臂结构类型，其基坑的顶部将会产生较大的位移，而随着挖掘深入的不断增加，其水平位移的数值将不断减小，就水平位移的发展情况来看。虽然，水平位移的数值会随着施工进度的推移而不断扩大，其发展趋势整体确保平稳，故施工完成时，其最大水平位移值以不会超出其水平位移的最大限值。因此，针对此支护结构的施工，采取土钉与木桩联合的方式便可满足相关安全指标的要求。当然，若该土地由开挖到灌注底板混凝土均为发生过土地滑坡现象，则表示施工过程始终处于安全状态，这也间接表明了本工程的支护结构是安全有效的。但若其水平位移增长过快，则需引起施工单位的额外关注。除此之外，还有一关注要点表示切忌在雨天施工，对此，有关部门应及时做好相应的检测工作，以避免让企业蒙受不必要的损害。

不同的工程项目，因其边坡、基坑深度、测量目的与特点均不尽相同，故其测量的方法与设备的需求方面亦将有所差异。对此，施工单位需结合工程实际，选择适用于自身工程的测量方法与设备，如此方能确保基坑开挖工作的正常，并维护基坑的稳定与安全。

深基坑支护施工既是检验基坑设计的正确性和发展基坑支护技术的重要手段，又是及时指导正确施工避免事故发生的必要措施。因此，为保证深基坑工程顺利进行，施工技术和监测分析必须要做到技术先进、安全可靠、经济合理,从而保证确保基坑周边建(构)筑物、道路和市政管线完整无损。

第五节　相邻地块深基坑支护方案的选择

目前,随着全国大力推进城镇化建设,越来越多的建设项目正在开建。在同一区域内的相邻地块经常同时或者在相近的时间段内进行施工。除此之外,停车用地需求的不断增加以及开发商对成本的控制越来越严格,使地下室的外壁墙越来越靠近用地红线。这直接导致施工时留给基坑支护结构的用地越来越少。文章简要概述了一种相邻地块深基坑支护方案,旨在为今后有相同情况的工程的基坑支护选型提供参考。

一、工程概况

拟建项目一个大型的商业综合体。占地总面积约25794m^2。设有三层地下室,建筑物拟采用框架结构,基础拟采用桩基础。地下室大概呈矩形,长141m,宽103m,周长488m,开挖深度为19.51m。地下室边线距离北面用地红线约为3m左右,南面距用地红线约为5.3m左右,西面距用地红线约为8.7m左右,东面距用地红线约为5.5m左右。目前,基坑西、北、南三面均为另一住宅项目(下称住宅项目)的建设用地,其规划用地红线与拟建项目地块的规划用地红线重合。根据项目总承包合同,基坑支护结构的设计以及施工均包含在总承包合同内。

二、场地地质条件

施工地地内与基坑支护相关的土层有:依次是填土层、粉沙、强风化岩带、中风化岩带、微风化岩带;夹层透镜体分5层[(2-1)粉质黏土夹层、(2-2)中沙夹层、(3-1)微风化夹层、(4-1)强风化岩夹层、(4-2)微风化岩夹层],现由上至下分层描述如下:

(1)素、杂填土:层厚1.20~4.30m,平均厚度2.43m。

(2)粉沙:层厚5.10~15.50m,平均厚度10.13m。顶界标高-1.07~2.33m。

(3)强风化岩带:揭露厚度1.00~17.70m(含夹层厚度),平均厚度5.52m,岩面起伏变化大,岩性为泥岩、泥质粉沙岩等。

(4)中风化岩带:揭露层厚0.70~19.60m(含夹层厚度),岩面起伏变化较大,岩性为泥岩、粉沙岩等。

(5)微风化岩带:揭露层厚4.20~22.70m。顶界标高-28.97~-8.45m,岩面起伏变化较大,岩性为泥岩、粉沙岩等。

三、基坑支护体系选型分析

本工程基坑支护所面临的问题：

（1）基坑开挖深度大。基坑底板大面的开挖标高为-15.9m，而原土面的平均标高为3.61m，开挖的深度约为19.51。如此大的开挖深度使用单一的支护方法显然无法满足要求，必须同时采用多种支护形式。

（2）住宅项目的计划开工时间与我方的计划开工时间相差约180天左右。如果我方使用排桩+锚索的支护形式，则必须保证在180天时间内完成整个地下室结构的施工以及地下室周边土体的回填，工期太少，无法实现。

（3）合同约定正式开工后1年内必须完成全部地下室顶板的浇筑。不论是使用排桩+内支撑还是地下连续墙+内支撑的支护形式，都无法保证能在1年内完成全部地下室顶板的浇筑。

从以上的分析中发现，如果只在我方规划用地红线内设置传统的基坑支护结构是很难满足工期的要求，因此我方与住宅项目的各参建方进行了联系，希望可以借用他们的场地设置基坑支护结构。通过初步的沟通，我们了解到以下情况：

（1）住宅项目的地下室南北2面为一层，西面为两层。

（2）住宅项目的地下室外壁与我方地下室外壁的净空只有约12m。

根据以上的情况，我们通过研究，认为可以在北、西、南三面与住宅项目可共用一个支护结构，而东面无须考虑其他建筑基坑的影响，可采用地下连续墙+锚索的支护结构。

四、基坑支护设计

由于2个基坑之间的净距只有约12m，而且住宅项目的地下室开挖深度只有6.5m。所以本项目北西南三面的支护方案第一个要点是把2个基坑之间的土方标高降低，这样可以有效减少支护高度。而由于无法使用锚索和内支撑，所以北西南三面的支护方案的第二个要点是必须使用悬臂式的支护形式。最后，由于基坑开挖深度内既有约10m厚的粉沙层，也有微风化岩层，所以北西南三面的支护方案的第二个要点是止水帷幕必须在沙层和岩层中均能有良好的止水效果。

根据以上3个设计要求，进行方案的细化：

（1）虽然拟建项目较住宅项目早开工约180天，但我方基坑支护的深度比对方大，因此开挖时间相差不会太大。所以，将北、西、南三面2个地下室之间的土方降至-5.7m（住宅项目底板面标高）。如我方先行开挖，则采用1∶2放坡，坡面采用60mm厚碎石混凝土面层护坡，内配$\Phi 6.5@200\times 200$钢筋网片素喷混凝土进行护坡。这样两个项目相邻部位就不需设置基坑支护，减少了对方的费用，同时也为我方争取了支护空间以及减少了支护高度。

（2）降低支护高度后，荷载也相应地减小。虽然使用单排桩支护仍然无法满足要求，但由于住宅项目已经不需要设置基坑支护，节约出来的空间可供我们使用。通过与住宅项目的建设单位协商，决定采用施工简单而且对双方用地影响最小的双排桩＋大平台支护结构。内外两排桩直径均为1200mm，间距为1500mm，桩身混凝土强度为C35，钢筋采用24C25，加劲箍为C18@2000，螺旋箍为A10@100。两排桩之间的桩中心距为6500mm，桩长为25m。排桩顶采用1300×800的冠梁连接，内外排桩的冠梁之间用800厚混凝土板连接，混凝土板内的钢筋按A12@200双层双向配置。

（3）场地内的土层最上层为约7m的黏土层，之后为约10m厚的粉沙层，粉沙层往下是强风化、中风化以及微风化泥岩和沙岩。基于基坑的深度以及土质的复杂性，止水帷幕必须采用2种方法止水。传统的深层搅拌桩虽然价格简单，施工方便，但入岩能力以及有效的钻进深度都无法满足要求，所以不能采用。而目前较为先进的三轴搅拌桩，无论是施工速度、有效钻进深度、入岩能力还有止水效果都能满足本工程的需要，虽然价格稍贵，但能确保止水效果，因此确定为第一道止水帷幕。三轴搅拌桩采用42.5R硅酸盐水泥，水泥浆水灰比1.5~2.0。三轴搅拌桩采用A850@600三轴搅拌设备进行施工，采用两喷两搅的施工工艺，三孔套接一孔法施工，在桩体范围内必须做到水泥搅拌均匀。桩体垂直度偏差不大于1/150，桩位偏差不大于20mm。三轴搅拌桩水泥掺量为20%，三轴搅拌桩每套孔水泥用量不少于612kg/m。三轴搅拌桩设置在内排旋挖桩边。第二道止水帷幕则采用在内排旋挖桩间设置双管高压旋喷桩做桩间止水。双管旋喷桩直径800mm，间距1500mm。双管旋喷浆液压力为20~25MPa，流量为60~90L/min；风压为0.6~0.7Mpa，流量为1~3m3/min；提升速度为8~12cm/min；旋转速度为6~10r/min；喷嘴直径2~3mm；采用32.5R复合硅酸盐水泥，水灰比为1.1~1.3，水泥用量为300kg/m。

本节以实际工程为依据，分析该工程所采用的基坑支护类型以及选型原则，根据实际情况提出支护方案，为相邻多地块同时施工地下室时的基坑支护选型提出新的思路。可为今后同类工程的基坑支护选型提供参考。

第六节 深基坑支护结构设计的优化方法

随着城市地下空间开发和高层建筑的建设，基坑工程朝着深、大、结构复杂的方向发展，基坑结构支护也不再是单一的技术方法，而是多种支护方式的综合应用。随着地下建（构）筑物日益增多，新建地下工程不可避免地与原有地下建筑物相互影响，如何选择科学合理的基坑支护方案来保证基坑支护工程的质量和施工安全一直是同行们的研究内容。因此，本节将基于安全可靠、经济合理、施工便利和保证工期的前提下对深基坑支护结构设计的优化方法进行分析。

近年来，我国城市建设的力度逐渐加大，建筑业呈现出向高空与地下的发展趋势，随着地下构筑物逐渐增多，基坑开挖的深度也越来越深，因此，选择科学的支护形式，运用配套的施工技术，这都是建筑行业深基坑支护中优化结构设计的重中之重，同时，人们还要结合工程开展的实际情况，选择开挖方式与支护方式，运用科学的施工工艺。由于基坑所处周边环境具有一定的复杂性，且需要考虑施工结构本身的完整性等因素，故在基坑支护结构的设计中还是存在很多问题，需要对其优化方法进行研究。

一、深基坑的支护结构在设计过程中出现的问题

（一）不能有效结合深基坑开挖的空间效应

从深基坑开挖过程中的监测数据可以看出，基坑一旦出现水平位移过大的现象时，会导致基坑周边向基坑内发生的水平位移是中间大两边小，深基坑支护结构失稳常发生在基坑长边的居中位置，因此可以说明，基坑的开挖属于空间问题。以往对于深基坑的设计是将其看作是平面应变进行处理的，就细长条坑来说，这一平面应变的假设具有合理性和科学性，然而其方形和矩形凹坑之间的差异是非常大的。所以，需要在支护结构设计结构的空间处理前提下，假设平面应变故障前需要进行有效调整，进而与开挖过程中空间效应相符合。

（二）深基坑支护结构的设计计算和具体的受力间不相符合

现阶段，深基坑支护的设计计算是在极限平衡概念基础上实施的，支撑结构具体的受力并不简单。实践表明，在计算支撑结构的过程中，极限平衡理论要求的安全系数，就理论层面进行分析，其具有绝对安全性，然而在现实当中则是不尽如人意的，在满足极限平衡理论要求的安全系数的情况下实际还是会出现支撑结构破坏的情况。此外，受到安全系数所带来的影响，尽管非常小，就算不能和规定要求相符合，然而其在深基坑工程的设计中静态结构的具体项目极限均衡的理论，对于土壤的挖掘其实属于一种动态平衡状态，同时，还是一个放松的过程，受到时间的影响，土体强度越来越弱，还出现形变现象，可以看出，需要重视设计问题，然而在现在的设计计算当中总是忽视这一问题。

（三）对土体缺乏科学取样

在设计支护结构之前，需要分析并测试地基土样品，全面掌握土体本身的物理力学作用，继而给予支撑结构的设计一定的依据。一般在深基坑的开挖范围中，需要根据国家制定的标准进行钻探取样，所以，应该对土壤样品进行随机获取。但是，考虑到地质结构具有一定的复杂性和多变性，同时，土壤样品并未完全地反映土壤本身的真实性，与之配套的一些设计结构也不能和实际相符合。

二、深基坑支护结构的优化设计方法

（一）优化嵌固深度

在深基坑支护结构当中，桩体本身的嵌固长度严重影响了支护的最终效果，如果嵌固缺乏足够的深度，就会对基坑稳定性造成影响；如果嵌固深度太长的话，就会造成桩体材料大大浪费，提升支护的成本。因此，设计嵌固深度的过程中，要按照土质的具体情况进行，既对其安全性进行保障，同时，还要确保经济性。

（二）优化桩体

就桩体而言，桩间距离对支护效果产生重要影响。如果桩体的排列比较稀疏，就会使得土体受力越来越大，很容易发生土体滑落的现象，丧失支护能力；如果桩体之间的距离比较稠密，就会导致土体不能正常发挥作用，增加成本。所以，设计桩体排列时，需要确保计算的科学性和合理性，确保桩间距，进而让桩体与土体更好地结合，充分发挥支护效果。

（三）优化设计方案

深基坑支护过程中，因为施工的难度非常大，同时，所需要的时间也比较长，加之，施工条件较差，导致基坑工程的开展具有一定的不稳定性，按照施工环境和地质条件与周围的环境设施等不同因素，基坑支护的实施也会出现或多或少地安全问题，所以，设计基坑支护的方案时，需要进行综合考虑。比如，设计基坑支护的方案，需要明确勘测地下水位和管线的分布位置、基坑周围环境、基坑与周边建筑物之间的距离；从而选择支护结构类型和支护结构具体的尺寸。与此同时，需要设计人员具有比较专业的技能和综合素质，需要具备丰富的设计经验，具有安全控制的意识，在设计过程中，将安全问题和质量问题作为重中之重。除此之外，要仔细筛选能够被实施的方案，保障施工安全与质量的基础上行，考量难易性以及经济性。

（四）优化设计基坑加固

就基坑施工而言，所有的步骤都会对工程的安全性产生一定影响，因此，必须在基坑设计时，充分考虑不同的因素，进而提升基坑施工的稳定性，在这一过程中，可以把基坑加固设计和位移的控制科学有效地融合。此外，作为加固中的科学措施，设置深基坑预警系统能够在基坑位移允许范围之外将险情上报给相关部门，减少灾情的发生。

三、深基坑支护设计方案的优化选择

在优化选择深基坑支护的设计方案方面。可以从以下两个方面实施。①从基坑的深度上对深基坑的支护方案进行优化。基坑支护过程中，总是会和悬臂桩嵌固有关，对于其嵌固深度来说，是其高度的几倍。但是因为在支护中，悬臂桩总是会牵扯到弯矩承载，并且发生侧向性的位移,势必影响基坑周围环境。所以,施工中,需要对基坑位移的敏感度严格考量,如果出现悬臂桩的支护方案和具体的施工支护出现矛盾的现象,就可以运用联合支护的方式获取支护效果。如在基坑上部选择喷锚支护,在基坑的下部选择排桩支护;或者是直接选择桩—锚杆的支护形式开展基坑支护,上述联合支护的方法不但可以处理好悬臂桩不能够获取的效果,还能降低资金投入。除此之外,支护施工时,需要全面检测周围环境,保障安全性之后,才可以实施支护方案;②站在经济的层面对方案进行优化设计,项目施工之前,需要针对基坑实施基坑勘察,同时,还要详细地考察基坑周边环境。用这样的方法具体分析并判断,决定选择哪一种结构方案,最终分析出这一方案的运用能否确保经济性和节约性。如有些时候,场地地质情况较好,具有足够的空间,并且周围没有临近设施与建筑物的话,就只需要考虑对基坑实施简单护面。如果深基坑的开挖深度大于5m,此时当选择遗忘的土方开挖和回填与外运方式,就会导致施工成本大大增加;然而如果选择用喷锚网的方式实施支护,就会直接影响边坡上段处的受力情况,进而对支护效果产生严重影响。所以,相关人员可以选择联合支护的方法开展施工作业。当处理基坑上段问题时,选择放坡的方法,如果是下段,就可以选择喷锚网,利用联合的支护形式,可以促进基坑支护效果的提升。确保工程的施工质量,推动建筑行业的进一步发展。

综上所述,随着经济的发展,我国城市建设逐渐增多,超深超高建筑也一直在不断地增加,深基坑支护的施工技术得到一定发展。同时,深基坑支护设计施工也迎来了很大的挑战。一些深基坑工程在设计施工过程中具有较大的风险,并且施工难度较大,会导致在基坑开挖过程中基坑周边土体出现位移或者沉降过大,严重影响周围建筑物的安全,给施工带来很大的损失,对工程的工期也造成一定的影响。所以,随着科技的快速发展,建筑技术也在不断发展,施工工艺也在不断地创新,岩土工作者应该加强深基坑设计与施工的重视,为确保基坑施工过程中的安全性,必须采取合理有效的支护措施,以免发生基坑破坏事故。

第七节 深基坑支护结构的施工要素

对于一个建筑工程项目而言,深基坑支护结构的施工,对于建筑施工项目来讲具有重要的意义,从深基坑支护施工本身的角度上来说,其施工技术的应用也需要遵循规范的流程和方法来试试,本节结合具体的工程案例对深基坑支护技术进行研究,在具体的工程实例分析中,可及时发现施工技术的问题,并采取有效的措施进行解决。

一、深基坑支护技术的具体分析

(一)常见技术形式及其特点

首先,钢板桩支护是支护技术中比较典型的一种,这种支护技术所应用的技法原理是振动打入法。在完工之后,将支护桩拔出,且这种技术中,桩结构可以重复进行应用。如果遇到土质较硬的情况,一般会由于挤土作用的产生孔洞问题,因此,针对孔洞的回填工作,就是应用这种支护技术的过程中需要注意的重点问题。从技术应用的特点上来讲,这种施工技术由于在施工便捷性和经济性上比较突出,所以多应用于一些小型的临时深基坑支护中,但也同样需要注意通过加强支护防止变形的出现。

其次,应用重力挡墙进行支护。主要是指应用高压喷射注浆的方式或者应用水泥浆层的搅拌,达到对基坑周边进行加固的作用。这种技术的主要特点是,支护工作的操作比较简便,并且需要搭建辅助的支撑结构。但需要注意的是,随着基坑的加深,相应的支护造价的单位值会出现逐步提升的状态,当软土基坑的开挖深度超过 6m 时,则需要将筋杆件的刚度加强。

再次,利用桩锚结构组成的支护体系,主要是指利用灌注桩和锚杆达到基坑挡土的目的,这种支护形式更加适用于土方开挖以及地下室的结构施工。关于这种支护技术的特点,主要包括了锚固深度和边壁位移指标可以显著得到降低,并且这种施工技术和方法,对于周边环境的影响也不高,可以满足经济性和稳定性多方面的要求。

(二)技术选用的基本要求

对于不同类型的技术来讲,其具体的应用工艺和支护形式都有所不同,但从规范性的角度来讲,无论应用哪种类型的技术,在实际应用中都需要注意以下几方面基本要求。第一,技术应用中应当充分考虑建筑物本身的地质环境条件、面积、以及基坑的边缘距离等质保的情况,方可进行支护。另外,在支护技术选择的原则上,应当把握住便捷性原则,并且在支护工艺的选择上,要注意其先进性。只有在技术的先进性上达到一定的效果,才能更好地满足负载上的具体要求。

二、惠济路 49 号工程中深基坑支护施工技术的应用

(一)工程基本情况

惠济路项目由地面三栋 18 层住宅楼(1#、2#、3# 楼)及两层地下室(地下室西部为一层)组成。建筑高度 59.95m,两层地下室结构标高 -8.900m,一层地下室结构标高 -5.100m。项目地下室呈不规则形,基坑开挖面积约 6522m^2,周长约 390m,开挖深度为一层地下部分约为 6.5m,二层地下室部位约为 10.5m。支护体系采用放坡卸载 + 排桩支护 + 内支撑,其中一二层地下室交界处采用单轴搅拌支护。悬臂支护桩为直径 800mm 的钻孔灌注。

基坑东侧地下室外墙线距离规划红线最近处约2m，且地下有天然气管线和通信光缆；基坑南侧地下室外墙线距离规划红线最近处约1.3m，最大距离约4.7m，且地下有国防光缆距离止水帷幕约1m，在基坑开挖线以内；基坑西侧地下室外墙线距离规划红线约5m；基坑北侧地下室外墙线距离规划红线约4m，红线外有一栋在住五层楼建筑，业主已进行房屋鉴定为二级危房。

（二）支护结构设计简述

1.基坑设计概况及施工要点

基坑支护结构采用放坡卸载加排桩支护加内支撑。排桩采用 φ800mm 钻孔灌注桩，桩长为 12～18.5m，桩间距1.2m。桩顶坡面及桩间土用土钉挂网封闭。桩顶设置冠梁连接，冠梁规格高×宽为 1.0m×0.8m，冠梁混凝土强度为C30。桩顶放坡及支护桩间采用土钉挂网喷混凝土保护。坡面、平台及支护桩桩间需挂钢板网，设置土钉，喷射厚80mm的C20护面。要求在混凝土喷射施工开展前，做好前期的绑扎固定钢板网的工作，保证钢板网牢固固定在边壁位置上并且达到波阿虎层的厚度要求，关于混凝土的具体规格，要求为细石混凝土，面层厚度达到80mm。另外，水灰比最低0.40，最高0.45.砂率指标也应当达到50%左右。二水泥与砂石重量比最低1：4，最高，1：4.5，在喷射的施工中，还需要应用速凝剂添加，另外，在骨料和水泥的选择上，应当注意料径的控制和水泥的比例指标。另外，喷射的厚度指标，也应当达到均匀的状态，与设计值相符合，为了规范厚度指标，可通过在垂直短钢筋段进行表示，达到目的，常规的喷射距离应当在 0.8～1.5m 的范围内。并使射流垂直于壁面。

2.内支撑梁及止水帷幕设计

内支撑构件主要采用角撑梁与冠梁一起形成平面支撑桁架，支撑梁截面尺寸主梁（高×宽）=800×800mm，次梁（高×宽）=800×600mm，混凝土强度等级为C30。

止水帷幕采用双排单轴搅拌桩+旋喷桩施工工艺。设计高压旋喷桩为二重管注浆，技术要求如下：

高压双管注浆，设计有效成桩直径不小于800mm，桩间高压旋喷，间距1200mm，水泥浆液的压力不小于25MPa、气流压力取0.7MPa，提升速度在0.08-0.15m/min之间，水泥用量不少于260kg/m。水泥土桩体28d龄期无侧限抗压强度应不低于0.8MPa。

水泥采用P.O.42.5级普通硅酸盐水泥，喷浆材料为水灰比取1.0的纯水泥浆，根据现场实际土层情况可以适当提高注浆压力来达到较大的有效注浆半径，旋喷桩桩位平面定位误差应不大于5cm，钻孔垂直度偏差不大于0.5%。

3.设计水泥搅拌桩（湿法）技术要求

水泥搅拌桩桩径D=500mm，双排止水帷幕桩间距350mm，排距350mm，1～2层之间的坑中坑挡墙桩间距400mm，排距400mm，水灰比0.5～0.7，水泥掺量不低于50kg/m，水泥采用 P.O.42.5 普通硅酸盐水泥。桩位偏差应当报纸在 15mm。桩径偏差比例不得大于 1%。垂直度偏差指标则应当保持在 0.3% 左右。

施工开展前，先进行室内加固试验仍然是非常重要的，需要针对现场的地基土层类型，注意固化剂的科学选择，并对外加剂的类型和加入量进行严格的筛选和分析，保证其具体应用符合工艺设计要求。另外，在具体的搅拌桩数量方面，至少要达到3根。并注意相应的质量要求和参数设置。

4.内支撑立柱及立柱桩设计

立柱的类型为钢格构立柱，设计中的重点问题是，防止发生地下底板的渗水，具体的措施是，在底板的连接部位设置止水带。并且利用焊接方法，将其固定在刚立足的四周区域。

5.后期方案修改

经业主、监理单位、施工单位及基坑设计人员现场协调，结合现场实际，为保证基坑安全、加快施工进度，拟采取以下方案确保基坑冠梁以上土方开挖时的施工安全。

由于基坑东侧天然气管道距离支护桩及边坡实际距离较近，槽钢支护施工位置正好处于已施工的单轴搅拌桩上，无法施工，现将该槽钢支护变更为ø89～ø108钢管桩，使用机械成孔后安装钢管再使用42.5标号的纯水泥浆进行全长注浆，施工长度为6m/根，桩间距为500mm，沿支护桩外侧布置一排，施工位置根据现场天然气管道的实际位置进行调整。

总的来讲，深基坑支护技术，是影响一个建筑工程项目质量水平的重要技术类型，对于一个项目的建设来说，这种技术也是影响质量水平的一个重要质保。另外，深基坑的支护技术，对于提高建筑工程项目的稳定性和安全系数，都有非常重要的作用。因此，需要在具体施工中重视这项工作，提高技术控制和管理控制的质量，达到为工程建设服务的目的。

第六章 深基坑支护技术

第一节 浅谈建筑工程深基坑支护

随着建筑行业的日益发展,对工程的基础施工要求也越来越高,为了保证工程项目的长久性、稳定性以及安全性,就要把深基坑技术应用到其中来。在实际的工程施工过程中,要制定一套完善的管理体系,提高技术人员的综合素质以及专业技能,深层次的研究深基坑技术。在选择有关施工技术时要保证规范性,从而保证了在施工时使用深基坑技术的安全,不断地提高了整体质量。

一、关于深基坑技术施工中存在的问题

(一)土方开挖的施工质量问题

深基坑的工程是一项具有综合性、复杂性和系统性的特点,当然这些烦琐的工序给施工带来了难度,特别是开挖土方的施工质量的相关工作。在一般情况下,为了尽快在有效的工期内完成施工,土方施工单位就会不按照实际的开挖土方的顺序进行。如果施工时遇到雨雾天,就会大大地增加施工难度,不仅影响了施工的进度,而且还破坏了挡土支护的施工。除此之外,在一些的建筑工程中存在着很多的转让承包的问题,必须要严格审核施工操作人员的条件、资质和行业标准,避免出现质量问题,从而提高了施工安全,降低了风险性。

(二)施工设计同实际情况不相符

在施工时要提前对深基坑技术的施工方法和要求进行合理的规划设计,得出精准的数据,并且还为以后的施工提供了保障。有很多的设计和实际的施工情况不一致,主要表现为以下几个方面:①当前没有统一规定基坑支护的要求和标准,导致了设计人员不能很好地对深基坑进行施工设计,仅仅依靠自身的经验是不能够确保设计的合理性和精准性;②多样化的建筑形式深受大家的欢迎,传统的深基坑技术已经不能满足当前的市场需求;③没有充分的了解深基坑的施工设计,不能正确掌握施工动态。

二、深基坑支护结构与支护技术

（一）预应力锚杆支护技术

把锚杆其中的一端和支护桩相互连接在一起，把另一端插入地层中，这种技术就是预应力锚杆支护技术，这种技术在安装的过程中是对锚杆施加了有效的预应力，然后再用水泥浆体把受预应力的钢筋和土层之间相互黏合在一起，不仅能使周围的土体产生的侧压力转到土体深处，而且还实现锚杆支护和土体压力相互统一。当然，在使用这项技术时，还要根据基坑支护和建筑功能性的需求，控制好锚固段和自由段之间的长度，合理实际安装的角度，选择合适的注浆材料，确保压力和工序，为锚杆支护施工的安全性、可靠性和经济性提供了保障。

（二）重力式水泥挡墙技术

利用墙体自身的重力来抵御土体侧压力的支护结构使用的就是重力式水泥挡墙技术，把水泥和地基软土通过搅拌机进行有效的融合，提高地基和土体的强度，这种方式也是深基坑支护方式其中的一种。实体式和格栅式的挡墙技术也是经常使用于工程基础施工中。如果开挖深度小于6m的软土基坑支护时，就可以使用重力式水泥挡墙技术；如果开挖深度大于6m软土基坑支护时，就需要把加筋杆件插入到水泥中，才能有利于加筋水泥土挡墙的形成，只有这样，才能实现挡土和水的功效。在使用重力式水泥挡墙技术时，要对地下水和混凝土材料之间的相关问题进行充分考虑，比如腐蚀问题和使用寿命等问题，水泥浆的密度、输浆量、钻头的角度和钻井的深度等相关问题也要重视，并且要严格控制，成桩以后在规定的时间抽查检验桩身的质量和桩体的强度是否符合建筑标准以及设计要求。

（三）土钉墙支护技术

首先利用土钉把基坑侧边的土体进行加固，然后在边坡处铺上钢丝网，最后再喷射混凝土，使得支护结构和土方边坡相互黏合，这种加固方法就是运用的土钉墙支护技术。利用土钉墙支护技术不仅可以加强土体自身的稳定性，而且还达到了基坑支护的要求。只有把土钉墙技术、水泥桩、微型桩和预应力锚杆技术相互结合，这样就会形成复合式土钉墙支护技术，才能适应当前建筑的发展需要，不仅加快了施工进度，而且还减少了占地面积，从而大大地降低了放坡的难度，提高了经济效益。

如果开挖基坑的深度小于12m，而且等级在2~3级之间的非软土地质就可以使用土钉墙支护技术；如果开挖基坑深度大于12m时，就要使用复合式土钉墙支护技术。在使用土钉墙支护技术时，注浆的工艺、土钉墙拉拔和混凝土喷射的设计试验要加强，计算出准确的参考数据。为了满足建筑发展需要和设计要求，就要确保土钉孔锚固浆砂的强度以及注浆的压力和喷射混凝土的强度以及厚度。

三、应用深基坑支护技术的要点

（一）落实施工前的准备工作

在正式开工前，施工单位应做好相应的施工准备工作，主要包括技术准备、设备准备、人员组织准备、物资准备等。只有做好准备工作，才能保证工程顺利的开工，才能保证工程的整体质量，进而保证建筑工程在规定的工期内完成所有的施工任务。在施工准备阶段，施工单位在做好图纸及相关资料的收集整理工作后，确定与编制深基坑支护、降水及开挖专项施工方案，基坑达到深基坑要求的必须进行专家论证。根据专项施工方案合理的选择施工设备，确定专业分包队伍，专业分包单位必须具备相应的施工资质。

（二）科学合理地制定方案

首先要制定一套完善的、科学合理的施工方案，然后在经过专家和相关部门的论证和评估之后，最后才可以使用到建筑工程的施工中，从而为工程的顺利进行提供了保障。想要确定地基的沉降程度和位移数值，就要结合实际施工的地质和环境进行全面的分析，才能制定深基坑相关设计方案。除此之外，如果施工过程中支护架构承受的压力过小，就会有压弯和折断等现象的发生。在设计施工方案时，要把现代化先进的技术和工艺作为优先考虑对象，保证施工的合理性、有效性，监督管理好施工方案的实施，严格遵守施工规范要求，提升工程的整体质量和安全问题。

当前，我国建筑行业还处于发展时期，在建筑工程管理上还存在着一些问题，特别是在深基坑技术的使用上，要加强和改善施工环节，因为它是建筑工程中最重要的组成部分，对工程质量起到了很大的影响。那么，我们就应不断地提高施工技术水平和技术人员的综合素质，不断地完善管理体系，从而提升建筑工程质量，提高建筑效果，达到建筑标准，实现建筑目标。

第二节 工程深基坑支护施工要点

目前随着社会经济发展的不断深入，工程开挖逐步加深，深基坑施工环节也变得越来越重要。深基坑施工过程中存在很多且复杂的技术要点，因而为了保障施工安全，就要加强对其施工各环节的管理力度，同时对施工技术也要进行不断的优化和调整。对此，本节通过对深基坑施工的特征进行一定的分析，进而探讨施工中的一些要点，希望能更好地开展深基坑的施工。

建筑深基坑支护施工是深基坑施工的安全的重要保障，因而在整个建筑工程项目施工中，深基坑开挖支护可以说是一个较为重要且关键的环节。此外，深基坑支护的施工对地下工程实施奠定了坚实的基础，能够有效保障施工人员的人身安全，同时也能够保障地下工程质量。

一、建筑深基坑开挖支护施工特征

建筑工程深基坑施工的复杂性较高。目前，城市化建设的不断发展，使得城市中出现了越来越多的高层建筑建设工程项目，而深基坑施工与建筑工程项目整体存在直接的关联，因而深基坑施工的重要性也逐渐得以显现。深基坑施工因周边环境和气候影响，具有复杂性和多变性等特点，因此在深基坑支护结构施工过程中，除了根据施工方案施工外，还应根据实际情况进行动态调整和监测。

具体包含的内容如下：一，复杂的施工环境。在建筑工程施工开展的前期阶段，要进行一定的勘察与分析工作，所包含的内容有施工场地的主体环境、水文地质情况、施工管线布置条件等，其自身位置所处的周围环境具有比较靠近的建筑物等，就会给深基坑施工环境带来更高的难度与复杂性。因而，在施工开展前期需要对周边环境等进行综合考量，并针对环境与施工项目的顺利开展影响与否进行正确、合理的判断，进而保障施工得以顺利开展、同时也能促使施工项目的质量以及安全稳定性能得到有效保障。二，施工场地多变的地质环境。通常情况下，高层建筑整体施工条件都极具复杂以及烦琐，对深基坑施工来说，其深度一般都要在5米以上，同时也要面临着具有一定多变性质的地质环境，因而建筑工程深基坑施工前应根据实际情况以及具体环境进行专项施工方案设计，必要时应组织专家论证并根据专家意见修改方案。三，施工现场有限的条件。当今社会土地资源严重紧张，深基坑的开挖范围受限，应尽可能采用分层分段开挖，进而促使深基坑开挖的安全性能得以有效保障。

综上所述，深基坑施工过程中面临着极其复杂的水文地质环境。而深基坑施工工期较长、范围广泛不可抗力因素等较多，如气候环境、天气变化等都可能影响着施工技术实施的有效性，进而影响着深基坑施工高效率、高质量地开展。

二、深基坑施工要点探讨

（一）施工前期准备阶段

建筑工程深基坑开挖的前期阶段，应对以下技术要点进行一定重视和掌握。勘察深基坑开挖位置的地下既有管线。要对地下管线位置进行精确的定位，同时对其是否与深基坑存在相互冲突的问题进行重点观察和考虑，为了促使深基坑施工能够有效避开地下既有管线得到有效保障，进而对管线破损现象的发生进行一定的避免，在必要情况下一定要加强对地下既有管线的保护、选择合适的保护措施进行保障地下管线的安全。

（二）地下水控制

为保证地基基础工程的施工得以正常进行，选择有效措施对基坑水位进行控制是非常必要的。应根据工程地质和水文地质条件、基坑周边环境要求及支护结构形式,选用降水、截水、回灌或其组合方法,确保基坑干燥。工程降水可根据土层情况、渗透性、降水深度、地下水类型等因素选择集水明排、真空井点、喷射井点、管井等方法;当基坑周围存在需要保护的建筑物或地下管线且基坑外地下水位降幅较大时,可采用地下水人工回灌措施。

(三)土方开挖阶段的施工要点分析

深基坑土方开挖过程中,应对相应的技术进行充分掌握,进而促使深基坑土方开挖质量、效率以及水平得以有效提高。深基坑土方开挖阶段的施工要点有:应对土方开挖施工方案要做到严格遵守,对土方开挖规定的标准顺序以及方式方法等进行充分明确,进而保证土方开发过程中具有一致性的前期设计与施工应用技术和施工开展流程,同时要遵循的深基坑开挖施工原则为开槽支撑、先撑后挖、分层开挖、严禁超挖,对支撑结构等也应结合施工实际需要进行科学选择,尤其是要对超挖现象的产生进行有效规避;要对深基坑土方开挖工作及相关技术要点进行合理地制定并有效落实,才能避免边坡失稳现象。深基坑土方开挖施工应配合支护结构和支撑体系施工,进而切实有效的保障高质量、高稳定性的深基坑施工。

(四)支护结构施工要点分析

在应用支护结构施工过程中,应根据周边环境、开挖深度、地质条件和变形要求等进行充分考虑,选择排桩或地下连续墙等围护结构。不同的支护结构施工工艺特点也是不尽相同的,选择的支护桩合适与否会直接影响施工的牢固和稳定与否,也就是说,如果支护结构比较合适、那么施工的牢固和稳定性能就越高,反之则牢固性和稳定性则越低。目前我国深基坑施工多采用的围护结构主要采用排桩,就是在基坑周边设置一圈灌注桩形成排桩、其结构主要材料运用的钢筋混凝土,然后在灌注桩上设置冠梁和腰梁,把支撑体系设置在冠梁和腰梁的中间,必要时进行临时支撑,进而使得内撑式支护结构体系形成。此外,支撑体系的拆除工作也应保障主体结构的安全才能开展,而且拆除顺序应对支撑结构特点以及现场平面布置等进行确定,才能有效保障施工整体的安全性能。

总而言之,工程深基坑工程是较为复杂且专业性较强的分部分项工程,需要各参建单位对施工流程进行切实有效、合理的规范,加强各个环节的严格把控,才能对深基坑施工要点落实到实处,保障施工安全,进而促使施工质量得以有效提升,保障建筑项目整体质量,促进建筑行业在社会竞争力日益渐增的背景下保障自己的核心竞争力,进而进行稳定可持续发展。

第三节　高层建筑深基坑围护施工

在建筑高度不断增加的背景下，基坑开挖规模和深度不断增加，增加了基坑壁坍塌的概率，强化基坑围护施工是确保当下高层建筑施工深基坑施工作业有序开展的重要保障。本节重点就常用几种高层建筑深基坑围护施工类型及应用要点进行探讨。

作为高层建筑施工的重要组成部分，深基坑施工的质量会对建筑结构的承载性能产生直接影响。但是深基坑的基坑开挖深度比较大，同时会受到不同土质或水文地质条件的影响，所以深基坑施工期间容易出现基坑壁坍塌等质量病害，影响深基坑施工有序开展。为了确保施工质量，必须要做好深基坑围护施工，确保可以为深基坑施工创设一个稳定、安全的基坑施工环境。

一、地下连续墙及其应用要点

（一）导墙施工要点

在地下连续墙施工期间，成槽施工前要先按照设定的施工方案，结合设计轴线来进行导墙施工，以为后续的挖槽施工指明方向，避免槽端上方部位处出现坍塌问题。在实际的导墙施工过程中，一般主要以 1~2m 深度为宜，且以 L 形为主，同时要将其顶面比施工地面高一些，这样可以避免槽段流入地面水；在导墙拆模后，要及时在墙间架位置处合理地设置支撑结构，且在混凝土没有达到规定强度前禁止导墙附近有重型施工机械开展施工作业，否则容易使导墙出现位移或开裂等质量问题。

（二）挖槽施工要点

在挖槽施工之前，施工单位需要结合高层建筑深基坑施工现场以及周围场地的实际情况，科学确定挖槽施工方案，同时要结合施工规定和要求，对各个挖槽施工中的施工要点进行管控。比如，要结合设计墙厚来对地下连续墙的挖槽宽度进行科学确定，一般主要包括 600mm、800mm 和 1000mm。在实际的挖槽施工中，施工单位主要在泥浆中进行施工，且当下主要以导板或导杆抓斗、多头钻成槽机等挖槽施工设备，同时在挖槽施工期间要按照单元槽段来进行挖槽施工，待挖到设计标高后可以开展清槽换浆，待开槽施工验收完毕后再搁置导管来压入清水，不断地吸出槽底的泥浆，待其稀释到相对密度为 1.1~1.2 后为止。在清槽操作后，要及时进行钢筋笼和接头管下放施工，并及时开展混凝土浇筑施工，避免槽端出现塌方事故，必要的时候还需要进行二次清槽施工。

（三）清底施工要点

在挖槽段挖到设计标高之后，要借助超声波或钻机钻头等方法来对槽端断面进行检测，一旦其误差不满足规定精度要求，那么就需要重新借助锁扣管或冲击钻并联冲击来进行修槽施工，同时需要清理槽段接头。待结束挖槽操作后，泥浆中悬浮的土颗粒会逐步沉淀到槽底，且在挖槽期间要将槽内残留的土渣或者钢筋吊放从槽壁上面刮掉的泥皮等进行及时排出，避免槽底存在土渣或泥皮。

（四）浇筑施工要点

在清底操作完毕后，可以运用导管来进行混凝土浇筑施工，相应的导管数量和槽段的长度之间具有紧密联系。一般如果槽段长度 < 4m，那么可以应用一根导管来进行混凝土浇筑；如果槽段长度 > 4m，那么需要设置 2 根及以上数目的导管来进行混凝土浇筑。而所用导管的内径一般主要为 8 倍的粗骨料粒径。此外，在浇筑混凝土期间，插入到混凝土内部的导管下口深入一般适宜控制在 2~4m，深度不宜过大或过小，否则过小的导管插入深度会容易使泥浆混入到混凝土中而影响其施工质量；过大的导管插入深度则却会下部沉淀比较多的粗集料，反之混凝土的面层则会容易集聚比较多的泥浆，影响整体的连续墙施工质量，所以必须要对各个施工环节加以有效控制。需要注意的是，在施工完毕后，施工单位要采用科学、合理的检测技术来对深基坑围护施工质量进行有效评价，确保及时发现和解决深基坑围护施工中存在的质量问题或安全隐患。比如，检测下混凝土表面是否存在裂缝等，一旦发现施工质量问题后就需要及时加以解决。

二、钻孔咬合桩及其应用要点

（一）导向墙施工要点

在导向墙施工期间，要避免导槽开挖施工中出现导墙移位情况。在实际的导墙浇筑施工期间，要本着同时交替开展的方式来对两侧导向墙进行施工，避免出现走模问题，否则需要及时停止施工，并重新加固模板，待检测合格后方可继续进行导向墙施工。在振捣混凝土的时候，要灵活地应用插入式振捣器等振捣施工工艺，以插入式振捣器为例，其振捣间距一般适宜控制在 600mm，期间需要保持振捣的全面性和均匀性，但是同样需要避免出现跑模问题。

（二）成孔施工要点

在钻机就位后，要在夹管装置放进第一节套管，确保圆心线和桩中心线保持重合，之后要借助测量仪器来对套管垂直度进行合理调整，确保其满足规范和施工要求，再配合转动臂来使套管在某范围内进行下压或转动。在此施工环节中，套管可以对钻孔孔洞进行有效保护，可以在避免孔径缩小的同时，对混凝土体进行有效切割来避免流失过多的混凝土，确保被切割桩体的整体质量。待第一节套管切割土体的深度达到特定位置后，要借助锤式抓斗去除套管中多余的土体，同时要对夹管装置进行不断转动，期间需要对套管进行实时调整来确保其有良好的垂直度，待挖到规定桩底标高后即可停止，相应各节套管垂直度偏差度不可超过 0.15%，具体可以借助经纬仪或铅锤等来对套管垂直度进行有效控制。

（三）混凝土灌注施工要点

在混凝土灌注前，施工单位需要对钻孔内是否存在积水进行仔细调查。如果钻孔中存在水，那么要采用混凝土水下灌注法来进行施工，否则如果钻孔中不存在水，那么适宜应用混凝土干孔灌注法，同时要做好混凝土的振捣施工。在混凝土灌注期间，可以先钻孔内灌注 3m，之后将套管提升 30cm 左右的高度，借此来对机械上拔力是否满足混凝土浇筑施工要求进行验证。

总之，深基坑围护施工是确保高层建筑深基坑施工有序开展的重要保障，常用的围护施工方法主要包括地下连续墙和钻孔咬合桩等。在确定好深基坑维护施工方法后，需要结合施工现场实际情况和周边环境情况，依据施工规范和要求，科学制定施工方案，确保所用深基坑围护施工方法应用的整体质量，为后续的深基坑施工创设良好的工作环境。

第四节　深基坑支护结构设计要点

通过对深基坑支护结构方案设计的审查，总结深基坑支护结构方案设计的基本内容，归纳其设计要点，为进行深基坑支护结构方案设计的技术人员提供参考，同时为深基坑支护结构施工图设计做好前期技术准备。

随着城市建设的发展，高层建筑越来越多、越来越大，建筑地下室面积不断增大，基坑开挖也越来越深；由于城市地质条件比较复杂，地面建筑、道路、地下设施与管线越来越密集，深基坑工程的实施过程可能产生很大的风险，如处理不当，极易酿成事故，造成巨大经济损失和不良社会影响；而深基坑工程又具有设计、施工、监测技术难度高、结构隐蔽性强、涉及不确定因素多的特点，其中的设计工作的优劣将直接影响到基坑工程的安全、工期和投资的经济、合理性。

以往基坑设计工作通常在一个设计单位内部完成，从设计构思、设计完成、设计审核基本上是由 1~2 个最多 2~3 个技术人员完成，且年轻工程师比较多，整体内容还不够完善。不同设计单位之间的方案设计表现形式亦是各式各样，有些重点要点不突出、不到位，给审查工作带来一定困难或困惑，给施工、使用留下一定的隐患。因此进行方案设计并且通过第 3 方审查的形式得到提倡和推广，并取得比较好的成效。为了更好地推进这方面的工作，通过一定时期的对深基坑支护结构方案设计的审查和总结，进一步探讨了深基坑支护结构方案设计的基本内容，归纳其设计要点，是很有必要的。

一、方案设计要求

深基坑支护结构方案设计简称"方案设计",应依据有关文件、资料及相关规范、标准,结合基坑周边环境和地质条件、基坑开挖深度等因素,做到安全适用、技术先进、经济合理、保护环境、保证质量、方便施工;在设计使用期限内保证基坑周边建(构)筑物、道路、地下设施、地下管线的安全和正常使用,保证主体建筑地下结构的施工空间;分析判断计算参数取值和计算结果的正确性与合理性。

二、方案设计主要内容

(一)工程概况

基本情况工程名称、业主单位、详细地址;拟建建筑物层数、高度、结构特点、基础形式;地下室层数、地下室面积、室外地面标高、地下室顶板设计标高、地下室层高、地下室底板标高、基坑开挖深度、周长、面积;基坑周边环境情况;基坑支护拟采用的方案、基坑挡水及降水措施;预计基坑施工时间等。

设计等级根据基坑规模、基坑开挖深度、基坑周边环境和地质条件、拟采用的支护结构方案,按照《建筑基坑支护技术规程》JGJ120-2012 表 3.1.3 确定基坑支护结构的安全等级;参考附表 1 和表 2 的方法确定。

使用期限根据《建筑基坑支护技术规程》JGJ120-2012 第 3.1.1 条,支护结构设计使用期限不应小于 1 年。

(二)设计依据

有关资料:岩土工程详细勘察报告;深基坑拟建场地现状地形图、工程用地红线图;拟建建(构)筑物总平面图、平面图、立面图和剖面图;建(构)筑物基础平面布置图、基础大样图及地下室建筑和结构平面图等。

依据的规范、规程、标准等选用设计规范、规程、标准、软件等应适用于本工程,当基坑工程设计规范、标准更新时,应及时更换为现行规范、标准。

基坑周边建(构)筑物:建(构)筑物名称、用途、层数、结构、基础形式和尺寸、基础埋深、建设及竣工时间、结构完好情况及使用状况,使用年限;与基坑边缘的直线距离;场地周围环境较复杂时宜配置场地现状照片。

基坑周边管线:地下管线(既有供水、污水、雨水、电缆、煤气、热力、通信、消防等)的重要性、特征、埋置深度、走向、使用状况和渗漏状况;地下构筑物的类型、位置、尺寸、埋深等。

基坑周边水系:距地表水体(河流、池塘、湖泊、渠道边缘)的直线距离,河、湖、塘、渠水的枯水期、平水期、丰水期及历史最高水位,河、湖、塘、渠水与基坑地下水的水力联系等。

基坑周边道路的分布及地下管线与基坑的位置关系。道路的类型、位置、道路结构特征、宽度、道路行驶情况、最大车辆荷载等。

基坑周边地下人防设施或轨道交通设施的埋深、走向、截面尺寸、衬砌材料、使用情况等。

基坑开挖与支护结构使用期内施工材料、施工设备等临时荷载的要求。

（三）工程地质及水文地质条件

（1）工程地质条件：①地形地貌、场地整平标高、±0.00标高对应的绝对标高；②勘探布点：应根据《规程》JGJ120-2012第3.2.1条对基坑范围内和外布置勘探点；③深基坑周边及基坑深度1~2倍范围内岩土层及其变化情况，包括岩性类别、厚度、岩土力学性质及地下水等；④地层描述：岩土名称、颜色、湿度、状态或密实度、底板标高、底板高程、层厚、夹层情况；基岩的坚硬程度和完整程度等级，有无洞穴、土洞、软弱岩体存在；⑤岩土层的c、φ及γ值（取标准值）、基坑范围内岩土层边坡坡度允许值；⑥标明基坑支护设计所需的各有关地层物理力学性质参数，如：γ、C_k、φ_k、K等。

（2）水文地质条件：①场地气象概况、雨季时段及其最大降水量；②主要含水层及其与江、湖等地表水体的水力联系；③初见水位、稳定水位埋深及标高、地下水位变化幅度；④各岩土层地下水的渗透系数、综合渗透系数、单位涌水量及影响半径、最大涌水量；⑤场地内地下水的类型，含水层的厚度及顶、底板标高，含水层的富水性、渗透性，场地地下水的补给与排泄条件，各地下水层之间的水力联系；⑥地下水的性质、来源、埋深及变化幅度，及其对基坑支护、基坑开挖、周边环境的影响。

（四）方案设计图纸

（1）图纸目录。

（2）支护结构设计总平面图及方案设计说明。

（3）分段设计剖面图：应表示所剖到断面的标高、排水沟、放坡、管线、止水帷幕、支护构件、支撑构件和离开开挖边线3倍于基坑深度范围内的地层、道路、市政管线、建（构）筑物及其基础。

（4）支护（支撑）结构设计图、配筋图。

（5）局部支护结构立面图。

（6）大样图及其重要性说明。

（7）基坑开挖工况剖面图。

（8）降水井及观测井平面布置图，标明井的类型、编号等。

（9）监测点平面布置图，应表示不同测试元件的图例，监测元件预留（埋）平面（竖向）结构图。

（五）方案设计计算书

计算基本内容支护结构的强度、稳定和变形计算；受压、受弯、受剪承载力计算；支护结构嵌固深度计算；构件位移计算；构件截面尺寸、配筋计算；截面承载力计算；支撑体系计算；排水系统措施、降（止）水计算；止水帷幕抗渗透稳定性验算；土方开挖计算等内容。

（1）计算模型：①支护结构内力计算沿基坑周边取单位长度按基坑开挖、回筑内部结构的施工过程进行内力计算；②计算简图与方案设计相符，计算模型符合结构的实际工作状况，输入的荷载（面荷载、线荷载和集中荷载等）计算输入数据应准确、合理。

（2）计算参数：①支护结构设计参数：基坑开挖深度、地下水位深度、放坡角度、地面超载类型及超载值、边坡（基坑）侧壁重要性系数等；②支护结构相关土层名称及其参数值：如土层厚度 h、天然重度 γ、抗剪强度指标标准值 C_k、ϕ_k、渗透系数 K 等，土压力计算模式、水土合算或水土分算。

（3）计算依据：①按《建筑基坑支护技术规程》JGJ120-2012 有关章节进行计算；②基坑侧壁安全等级为一级时，重要性系数 $\gamma_0=1.1$。

（4）计算方法：①维护体系侧压力计算根据朗肯土压力理论，按土层分布进行分层计算；②基坑整体稳定性验算采用瑞典圆弧条分法；③围护结构计算根据国家有关规程规范，采用理正深基坑设计软件等计算。

（5）计算软件：采用的计算软件应经过有关部门的鉴定，计算书中注明所采用的计算软件名称、代号、版本及编制单位。

（6）验算内容：①稳定性：根据基坑支护形式及其受力特点进行基坑内外土体的整体稳定性计算验算；②对支护结构的强度、稳定、变形及受压、受弯和受剪承载力进行计算；③悬臂桩：应对悬臂桩进行桩嵌固深度计算并符合嵌固稳定性的要求，对桩长、桩径及配筋进行计算；④进行冠梁截面尺寸、配筋计算、截面承载力计算、支撑体系计算；⑤锚杆：应对桩间锚杆长度、锚杆孔直径、拉杆截面面积计算，锚杆抗拉承载力计算，挡土墙整体稳定性验算；⑥土钉墙：应有土钉长度、强度验算，土钉抗拉承载力计算、土钉墙整体稳定性验算；⑦止水帷幕设计以及围护墙的抗渗设计；抗渗透稳定性验算。

计算结果分析对支护结构体系进行整体稳定性分析、局部稳定性分析，对支护结构受压、受弯、受剪承载力计算结果进行评判，对地面沉降及支护结构水平、竖向位移等进行评价分析，对安全等级为一级及对支护结构变形有限定的二级建筑基坑结构，尚应对基坑周边环境及支护结构变形进行验算，对基坑支护结构施工、基坑开挖施工方法的可行性分析。

（六）地下水控制

基坑的降水、截水、止水设计：①降水设计：根据支护结构设计要求进行地下水位控制设计；②截水设计：包括截水范围、方法、工艺参数及截水效果和检测要求；③止水设计：采用止水帷幕止水，止水帷幕平面图应标明止水帷幕轴线位置、止水帷幕孔间距、工艺参数、设计要求及帷幕墙的渗透系数；④对地下水变化引起的基坑底隆起、渗透管涌、临近建（构）筑物、道路的沉降与倾斜等，进行评价分析。

基坑的截水、排水措施：①在基坑顶部采取临时措施拦截地表水，以防下渗或直接流入基坑内；②对地表裂缝，及时采用水泥砂浆封堵，以防地表水下渗；③检查基坑顶部所有污水、雨水、给水管线是否断裂；④基坑底部用污水泵抽水，并做好坑底排水设施，使基坑底部尽量保持干燥。

（七）施工要求

施工技术支护结构施工应满足关键技术、质量、检测与验收要求、进度控制等施工技术要求。

施工流程支护结构施工应交代施工的工艺流程，有多个分项工程时应分别交代其施工流程。

检测在支护结构施工完后，应根据《规程》JGJ120-2012有关章节的要求进行质量检测。

安全防护：因基坑开挖深度较深，为保护施工人员的安全，在基坑坡顶及围护桩顶部位设置钢管护栏；人员密集的市区的基坑采用安全防护措施并挂警示牌，并有专人负责安全，以免误入。

（八）基坑开挖与监测

基坑开挖原则：开挖要求分块、分层、分段，将基坑开挖造成的周围设施的变形控制在允许的范围内；挖土运土机械严禁直接压过支撑杆件，必须跨越支撑时应用走道板架空；地面超载应控制在 20 kN/m² 以内，距离基坑边 50 m 范围内禁止堆土；在基坑开挖过程中，施工单位应采取有效措施，确保边坡土及动态土坡的稳定性；深坑开挖必须待普遍开挖深度的垫层形成并达到设计强度要求后，方可进行深坑的开挖；应明确基坑开挖后土方运输路线、运输出入口位置，基坑坡顶应考虑运输车辆的附加荷载作用。

基坑监测：

（1）监测目的：通过对工程基坑开挖施工期间的周边环境监测及基坑支护工程监测，获取工程基坑开挖施工对周围环境的影响信息。

（2）监测要求：通过对支护结构及周边设施等设置变形监测点，采用先进、可靠的仪器及有效的监测方法，对基坑围护体系和周围环境的变形情况进行监测。

（3）监测方案：在平面布置图上标明支护结构及周边环境一定数量的监测点、基准点的位置，明确监测方法和监测频率、变形控制值、报警值、监测周期及精度等级。

（4）监测内容：依据《监测技术规范》GB 50497-2009 的规定，监测管线垂直、水平位移，围护结构垂直、水平、测斜，立柱垂直位移、坡顶土体竖向位移、水平位移，测试支撑内力，坑外地表沉降，周围建（构）筑物、道路位移，围护墙内力的量测，布置坑内外地下水位观测井,监测坑外地下水位的波动情况。

(5)监测报警:根据要求确定各个部位的日变化量(mm)和累计变化量(mm)位移警戒值,若测试值达到上述界限须及时报警,并将报警材料书面呈送建设单位、施工单位、监理单位、设计单位及其他相关单位,及时分析现象发生的原因,提出相应的治理对策及建议。报警值为规范规定报警范围值,现场可根据四周实际情况综合确定,若周边无重要建筑物和管线等时,报警值可适当放宽,否则必须减小预警值。

(九)应急预案

基坑开挖施工时,应通过监测和现场观察,获得准确数据并及时分析处理,严密注视是否有险情发生及险情发展的动向。

当出现边坡失稳或坍塌现象时,应立即疏散周边作业人员,对附近建筑物产生安全威胁时,应采取紧急措施疏散建筑物内人员到安全地带,并立即向建设单位、监理单位等相关部门报告。

待基坑失稳或坍塌现象达相对稳定,不会有人员安全隐患后,立即组织人员采取土包或其他材料反压加固坡脚,以防事态发展,并尽可能在坡顶削坡减载,必要时应回填,保持稳定之后再实施其他工序。

本节总结了深基坑支护结构方案设计的基本内容,归纳了其设计要点,可为城市深基坑开挖深度超过 5 m(含 5 m)或地下室 2 层以上(含 2 层),或深度虽未超过 5 m(含 5 m),但地质条件和周围环境及地下管线复杂的深基坑工程支护结构方案设计提供参考。

第五节 深基坑支护结构变形规律

深基坑支护结构设计在我国地下工程中占据着重要的地位,如果深基坑支护结构出现变形,则会对工程的质量产生很大的影响。本节对基坑支护的概念、深基坑变形机理、基坑支护结构变形规律的数学预测原理及方法、基坑时空效应变形规律分析、深基坑的渗透变形以及防控措施做了简要论述,以供参考。

一、基坑支护

在对基坑支护结构进行设计时,应当遵循安全、经济、合理的基本原则。基坑支护结构的设计应当是科学的、符合实际需要的,因此在设计支护结构前应先进行实地考察,勘测施工现场的地质条件和水文条件,观察施工现场周围的环境,综合考虑这些条件对基坑围护体系安全的影响,进行结构稳定性的理论计算与分析,从而确定基坑支护结构类型。建设基坑围护体系一般需要满足两个条件,一是要能够承受土的压力,二是要能够承受水的压力,因此我们将基坑围护体系分为挡土体系和止水体系两种。

随着工程技术的发展，人们对深基坑支护结构的要求越来越高，要满足社会发展需要，就要进行技术创新，使深基坑支护结构真正发挥挡土挡水作用。另外，在施工时需要注意基坑周围的建筑物和设施的质量与安全不能受到影响，基坑在开挖过程中不会发生变形和塌陷等。同时深基坑的支护结构应该是科学的、经济的，对环境没有破坏的。

二、深基坑变形机理

通常我们将深基坑的变形分为三类，第一类是支护结构变形，第二类是坑底隆起，第三类是基坑周围地层移动，第三类是三类变形中最需要注意的问题，应对其进行着重控制。很多工程出现支护结构破坏都是因为其变形严重造成的，另外，有些工程可能支护结构完好无损，但是周围的建筑物受到了一定的损害，这也是由于支护结构变形造成的。因此，应当明确深基坑变形机理。

对基坑进行开挖实际上是对基坑的开挖面进行卸荷，在开挖时坑底的土体会随之向上发生移动，并且围护墙由于其两侧都受到了一定的压力，因此会向水平方向发生移动，在水平方向与竖直方向共同移动的作用下，基坑周围地层发生相应的移动。而引起基坑周围地层移动的因素有很多，最主要的两点是坑底土体隆起以及围护墙的移动。

（一）坑底土体隆起

在开挖基坑时，由于开挖面的荷载变小而使坑底土体的原始应力受到了破坏，从而导致坑底的土体发生隆起。一般只要开挖的深度不是太大，坑底土体隆起方向普遍是向上隆起。如果围护墙的墙底土体清孔良好，则土体发生回弹时围护墙会随之相应升高。通常坑底的重心位置隆起幅度最明显，但是一旦开挖工作停止，坑底就不再继续向上隆起。基坑坑底的隆起与开挖深度呈正相关，深度越大，基坑向上隆起的幅度就越大，并且受基坑内外面高差产生的加载的影响，围护墙外侧的土体会朝着基坑内部移动，使基坑周围形成塑性区域，如果塑性区逐渐扩大，极易引发地面沉降。

Mana（美）于1981年在旧金山的勒威斯特拉斯大楼，按不同开挖深度以理论预测，做出了软黏土基坑随开挖深度的增加基坑周围土体移动矢量场及塑性区分布图。当墙体朝基坑内部移动时，围护墙前面的土体会受到挤压，导致基地出现隆起。

基坑是否稳定，以及未来建筑物发生沉降的概率都取决于基地隆起的幅度，隆起幅度越大，则基坑越不稳定，因此，应当控制基底隆起量。而要控制基底隆起量，就要确保基底是进行加固的，同时还要保证基底土体的残余应力。

（二）围护墙的位移

一般围护墙发生变形主要是因为基坑的外围土体的原始应力受到了破坏。在开挖过程中，随着开挖进度的增加，基坑内部的土体将失去原有土体的压力，而基坑外部的土体又会受到主动土压力，又因为支护结构的搭建发生在开挖之后，因此围护墙必定会出现一定程度的变形。一般墙体的位移最明显的部位是距坑底 1m ~ 2m 的位置。当围护墙发生移动时，墙体外部的土体会朝着坑内部移动，这样一来导致背后土体的水平应力变小，从而产生塑性区。对于基坑开挖面下部的土体来说，其在向坑内移动时会导致基坑底部土体的水平应力增加，从而在水平方向产生推挤，基底出现隆起，形成塑性区。

三、基坑支护结构变形规律的数学预测原理及方法

通常对基坑支护结构的变形规律进行分析时都会选择数学预测原理进行分析，该原理主要是反推法，即先进行反分析，再进行正分析，根据每一个工况位移信息来确定土体力学模型，依此建立目标函数。然后通过对接近实测值的数据做筛查和优化处理，来进行下一步的公式计算，继而对支护结构变形做相应的预测，在通过检测来实现对支护结构的控制。

四、基坑时空效应变形规律分析

（一）基坑空间分布规律

基坑是存在一定的空间效应的，这是因为基坑在开挖过程中呈现出三维结构，并且深基坑的支护桩体的位移主要发生在基坑的中部位置，而其余部位的位移则不太明显。通过上述描述可以得到，基坑的空间效应非常明显，并且基坑的长边效应相对于短边来说更加显著；相对于中间位置来说，基坑顶部的空间效应更加明显。

（二）基坑时间分布规律

基坑还具有一定的时间效应，随着开挖深度的增加，支护结构的位移会随之发生相应的变化，位移较大的位置开始向下移动，并且受地下水的影响，支护结构发生移动具有一定的滞后性，这就表明基坑是存在时间效应的，并且该效应明显，因此开挖时间的设计应科学合理，在开挖时还应当设置腰梁。除了这些因素外，还应当综合考虑其他的因素，以明确基坑的实际运行情况，然后有针对性地制定相应的防护措施。

五、深基坑支护结构变形监测实例

以深圳某地铁车站深基坑开挖中支护结构检测为例进行分析。根据位移资料为依据，进行深基坑支护结构变形变化规律分析。

（一）工程概况

本次研究地段是深圳地铁罗湖站，这一地段深基坑约 21m 深，在地面上有一部分和深圳火车站的皮带廊基坑出现重叠，该基坑的支护结构等级较高。该地段的地层相对较为复杂，从上到下依次是疏松的填土层、淤泥质土层、粉砂层、中粗砂层以及风化沙岩。距

离地面约 3m 的位置是地下水位。构成基坑支护结构的主要包括围护桩和支撑体系，其中围护桩的材质是钢筋混凝土灌注桩，柱子的直径较大，为 112m，桩长为 3m，而 EF 段的长度为 25m，位于 EFGH 段，围护桩的桩顶位于原来地面的下方大约 6m 的位置，在图中对应的是 ABCDE 段，该部分的长度为 19m，并且该部分主要通过三道钢支撑，而 EFGH 段除了有三道钢支撑外，还有一排锚杆，各个锚杆之间的距离是 115m，并且每个锚杆的倾斜度都为 30°。而三道钢管的壁不算厚，为 16mm。在地面上，每个钢管之间的距离是 310m。

（二）支护桩体变形

通过观察分析我们发现，基坑开挖程度越大，支撑桩体的变形就越明显，但是变形均在警戒值范围内。

另外，不同的桩体部位，其变形程度不同，离得桩顶越远，变形越不明显，并且越接近两支撑的中部位置，其变形越明显，而靠近桩底的位置则基本不会出现变形。

影响支护桩变形的因素有很多，其中施工过程中就开挖的尺寸、开挖的时间等多个参数都会影响支护桩的变形程度。一般在开挖刚开始不会出现变形，当开挖时间逐渐加长时，桩体开始逐渐产生变形，并且当基坑开挖到设计标高时，桩体的变形程度是最大的，再继续开挖，桩体的某些部位变形会有一定的恢复。要想使桩体的变形程度尽可能小，就需要施工人员在开挖过程中严格按照要求进行操作。EF25 桩体的最大位移比 DIDI3 的位移要大得多，差值为 1.6mm，出现这种情况的主要原因很可能是 EF25 开挖进行到第二道支撑时，没有采取支撑措施。另外，位移的大小于与开挖程度有关，如果开挖强度过大，就会使墙体在未安装支撑时就出现明显的位移，并且只要发生位移，该位移就不可能恢复，其引起的地面变形也不会得到改善。

通过观察我们还可以发现，桩体的位移数值可以是正值，也可以是负值，这是因为桩体具有一定的弹性，因此其产生的变形属于弹性变形。另外，变形程度不同还和预应力的大小有着一定的联系。

（三）基坑顶水平位移

根据基坑顶的水平位移检测数据，绘出了水平位移变化较大的基坑东边（EF 段和 GH 段）的位移和沉降时间的变化图，基坑的水平位移与基坑的边长有关系，边长越短，位移越小，相反，边长越长，则位移越大。

越靠近基坑顶的中心位置，位移越明显，离中心位置越远的地方，其位移值越小，这表明基坑顶的端部位置会受到一定的约束作用。另外，众多工程实践都表明，由于深基坑的两端位置具有一定的空间效应，导致两端壁的土压力和位移都不太明显，而中间位置的土压力和位移值均比较大。对于基坑的阳角位置，也就是图中的 G 点部位，其位移相对较大，这表明该部位的受力相对复杂。

在基坑开挖还未到达设计标高之前,基坑的变形是随基坑的开挖进度而逐渐变大的,当达到标高后,基本上就不会再产生巨大的变形。在达到设计标高时,其水平位移约8m,而最终施工结束时,水平位移约10m,其值远远小于设计的警戒值。

因此可以得出结论:基坑顶部的水平位移以基坑壁中央最大,端部位移较小;基坑壁越长,其唯一值也越大;在拐弯的阳角处,位移较大。

综上所述,深基坑工程在我国城市建设中发挥着重要的作用,而在深基坑工程中,支护结构又对工程有着重大的影响,如果深基坑支护结构出现严重变形,将给建设工程和人们的生活带来诸多不利影响,因此应加强对深基坑支护变形机理的研究,采取合理的措施使支护设计达到最优的效果,进而推动我国城市的建设。

第六节　深基坑支护的特点及选型

随着我国立体化、多层次的城市化建设进程的推进,土地资源成为最稀缺的资源之一。为了加快城镇化,全面建成小康社会,高密度建筑成为城镇化建设趋势,对深基坑支护提出了更高的要求。本节结合现有成熟的深基坑支护方式的特点和适用条件,提供选取安全、合理、经济的深基坑支护方案的建议。

21世纪以来,我国的城镇化建设速度日趋加快,中心城市集中了最优质的资源和人才,对住宅、商业、办公等建筑提出了更高的要求。中心城市的建筑面积有限,并且建设土地周边往往高楼林立,不得不采用深基坑支护方式来保证高层及超高层建筑的结构安全和施工安全。复杂的建筑环境,对深基坑支护方式和施工提出了更高的要求。由于结构复杂和施工难度高,深基坑支护的造价昂贵。如何根据建筑物周边地质情况和建筑物的结构形式选取最安全、合理、经济的深基坑支护方案,成为项目成功的关键之一。

一、深基坑支护工程的特点

深基坑支护工程是一项系统性的工程,具有较强的个性和综合性,具有以下几个特性:

(一)临时性

一般说来,基坑支护结构是临时性的,安全储备与永久性建筑相比较小些。建设单位在保证安全的前提下,希望能尽可能的降低成本。

(二)复杂性

深基坑施工的场地环境一般较为复杂,毗邻建筑物,施工场地狭窄,还要处理地下水等环境因素。深基坑施工的复杂性,对施工质量提出了更高的要求。

（三）高风险

深基坑支护是以地质勘探资料为设计依据的，地质勘探资料的准确性和全面性至关重要。由于勘探资料及现场施工处置不当引起的基坑事故屡见不鲜。在地勘、设计、施工整个过程中，所有的技术人员要加强风险意识，确保结构安全。

二、深基坑支护结构类型

传统的支护类型主要有：地下连续墙、排桩、钢板桩、钢支撑等四种形式，前三种类型的支护选用较多。改革开放以来，我国的经济飞速发展，城市高楼如雨后春笋般拔地而起，土地资源日趋紧缺，对施工技术提出了更高的要求，对传统的深基坑的支护形式进行改良势在必行。在传统的支护形式中引入锚固技术，大大减少了基坑支护的施工面，增加了基坑支护的安全系数，能满足更高要求更复杂地形的施工需要。喷锚网支护和逆作法作为新兴的支护形式，适用范围更广，施工快速可靠，经济优势更加明显，但对施工技术人员要求更高。

深基坑支护结构主要由围护墙和支撑体系组成。

（一）围护墙结构的分类

围护墙作为抗侧力构件，除了承受侧向土压力、侧向水压力和地面荷载传递的侧向力之外，在高地下水位的施工场地上，围护墙还要有止水的功能。项目施工中，较为常用的深基坑围护墙有以下几种：

1. 地下连续墙

在基坑深度超过 10 m，止水要求高，对周围环境保护要求高的情况，多采用此种支护结构。这种支护结构支护效果好，安全系数高，造价高。在施工中，地下连续墙也可以作为地下室外墙，可大大节省建造成本。另一方面，地下连续墙厚度大，施工机械庞大，施工时泥浆对环境污染大，建造成本高，实际工程中使用较少。

2. 排桩支护

排桩支护有预制混凝土桩、钻孔灌注桩、挖孔灌注桩等常用形式，其中应用最为广泛的是钻孔灌注桩。当基坑深度为 8~14 m，基坑侧壁安全等级为一、二、三级，对周边的环境要求不太严格时，多采用钻孔灌注桩。排桩支护结构不具备挡水功能，在地下水位较高的区域，或者对止水有要求时，多采用钻孔灌注桩和水泥土墙的复合结构，水泥土墙起挡水作用，钻孔灌注桩承受侧向力。

3. 水泥土墙

水泥土墙是利用深层搅拌机现场将土和水泥浆进行搅拌，让其形成多排连续搭接的水泥土桩，加固基坑周边的土体，与天然土形成重力式挡土墙。它是一种重力式围护墙，适用于基坑深度不大于7 m，基坑侧壁安全等级为二、三级，且有足够的施工距离的软土地基。由于基坑内部不需支撑，便于大型机械快速挖土，水泥土墙是一种较为经济的支护方式，并能起到一定的防渗作用。

4.土钉墙

早期，土钉墙支护多应用于有一定自立能力并能够提供足够抗拔阻力的较密实的沙土、粉土、素填土、坚硬或硬塑黏性土等，适用于基坑深度在12 m以内，基坑侧壁安全等级为二、三级的非软土场地。随着施工技术的进步，土钉墙支护与排桩及预应力锚杆等结合起来，成为复合土钉墙支护结构，它弥补了单一土钉墙支护结构的许多不足，应用更加广泛。复合土钉墙施工周期短，施工成本低，支护安全性更高，应用非常广泛，尤其是应用于江浙沪一带的软土地基区域。

5.逆作法

当深基坑的深度较大时，传统的支护类型及相关的改良方法的支护结构的支撑用量很大，施工难度大，工程造价高，并且还不能保证基坑的变形控制满足规范要求。此种情况下，逆作法的优势就显现出来了。逆作法是在地下基础施工的同时，地上建筑物同时施工，地下各层的梁板作为基坑支护结构的支撑。逆作法可以利用建筑物的结构构件作为基坑支护结构的支撑体系：①地下连续墙作为地下室外墙；②建筑物地下结构的梁板体系作为基坑支护的内支撑体系；③建筑物的桩基础、柱作为基坑支护的竖向支撑体系。

（二）支撑体系的分类

为了保证围护墙结构的整体稳定性，降低建设成本，深基坑一般会采用支撑。根据支撑体系的作用形式，一般分为内支撑和外拉锚。

内支撑体系一般由冠梁、腰梁、支撑、立柱等组成。桩锚式支护是一种常用的排桩和支撑体系组合的支护结构，支撑体系由内支撑和外拉锚共同组成，是一种综合式的基坑支护形式。它一般由锚索或锚杆作为主要的支撑体系，在锚固段设置冠梁、腰梁，整个支护形式呈网格式，在高边坡和深基坑支护中应用较为广泛。

三、深基坑支护结构选型

基坑支护的各种形式都有不同的适用条件，对地质条件、开挖深度、基坑的安全等级都有不同的要求。不同的基坑支护形式的材料适用、施工过程各不相同，这使得它们在造价和工期上差别很大，对周围建筑物的影响和后续施工方式的影响区别很大。选用适合的深基坑支护类型，需要从地质条件、施工难度、工程造价、施工工期、支护效果等综合考虑。

要合理选择基坑支护的形式，一方面要深刻理解各种支护形式的特点，包括其合理性、经济型、优点及缺点，另一方面要结合地质条件、周边环境、工程造价进行综合考虑。深基坑支护结构的选型，首先考虑的是安全，保证建筑物的结构安全和施工安全，其次是考虑经济因素。当地质条件较好，周边环境要求宽松，基坑深度较浅时，可采用土钉墙支护；当基坑深度较深，周边环境要求较高时可采用悬臂式支护结构或拉锚式支护结构；当基坑深度大，周边环境要求较高且地质条件差时，可采用内支撑体系；当基坑深度更大，地质条件更差，周边要求更严时，可采用逆作法。

另一方面，没有结合基层实际情况，不断创新优化统计调查方法，没有对新时期现代农业生产方式进行全面分析，从而导致统计时效性滞后。对农业统计数据分析和挖掘以及利用共享等方面重视程度不够，导致统计数据成果没有得到及时转化和利用，统计服务指导决策职能发挥不力。

第七节　深基坑支护现场管理重点

我国的土地资源一直以来均处在紧张状态，城市建设当中，土地资源变得更为缺少。当前各种建筑物，主要是向高度更高方向发展，且地下深度一直在拓展，从而使得城市的土地资源占用降低，使得对于土地资源运用率得到提升。建筑愈高，其基础将会愈深，因此不管是向上或者向地下拓展，建筑物基坑的开挖深度为愈来愈深的。为了保障建筑施工的安全，对于基坑支护需要是愈来愈高的，深基坑的支护工作是全部建筑项目中关键的构成成分，所以是难以忽视的，施工的质量优劣和工程的进度以及施工安全多个方面有着直接影响。本节从现场的管理工作入手，对深基坑支护工作现场管理措施进行相关探讨。

岩土工程本身具有很强的复杂性，在施工过程中会遇到很多困难，尤其是深基坑施工问题。虽然我国的岩土工程已经取得了很大的进步和发展，但是仍然与发达国家存在很大差距，因此，相关人员需要提高对岩土工程施工的重视程度。在深基坑的施工过程中，需要提高注意力，不断提高施工技术，从而不断推动深基坑支护施工在我国的发展。

一、基坑支护工作的现场管理

（一）施工准备时期控制要点

（1）将基坑支护的施工措施管控工作做好。对于深基坑的支护施工措施需组织相应专家实施论证，强化监理审核工作，保障施工方案的针对性较强，且控制要点较为具体，有着施工指导的作用。

（2）将管线的交底工作做好。基坑的影响范围以内管线是比较多的，施工之前与管线相应责任单位联系实施现场的交底工作。

（3）将周边建筑的施工影响工作做好。因为基坑是比较深的，周围老旧的建筑物也比较多，一般考虑基坑的施工期间有可能会对于建筑物带来一定作用，为确保项目施工得到顺利实施，对相关争议得到客观、公正的解决，对后续的处理供给科学依照，需选取有经验、有资质的部门对于周边的建筑分阶段展开施工影响的鉴定作业，而且出具相关的影响鉴定书。

（二）施工时期控制要点

深基坑支护工艺为一种比较繁杂的项目，涵盖了很多流程，任意一个环节有问题发生均会造成深基坑支护工作失败，有的还可能会导致比较严重的人员伤亡以及财产损失问题发生。施工部门一定得制定出相关的施工措施，严格依据图纸以及规范等进行施工工作，强化过程把控，保证基坑支护是有效安全的。

（1）止水帷幕的施工把控。止水帷幕在施工工作当中需将下述工作做好：①确保桩体的质量问题。在止水帷幕进行施工工作的时候，首先是采用施工的第一批桩（大于等于3个），一定得在监理工作人员的监管之下进行施工工作，来确定出现实浆液的水灰比、水泥的投放量、垂直度的控制措施、搅拌下沉与提升速度、浆液的泵送时间还有桩长等，来确定得到三轴深搅桩常规施工把控标准；然后，依照设计需要，三轴深搅桩进到中风化的粉砂质泥岩中大于等于0.5m，在施工工作当中，勘察部门与桩基部门全程配合将判岩作业做好，保证三轴深搅桩长能够达至设计的深度；除此之外，在止水帷幕的施工工作当中，监理人员需仔细将旁站等工作做好，保证桩体的质量；②在施工当中需将拌制浆液质量把控做好，进行施工的时候前后台需进行紧密配合，严禁发生断浆现象，对于因故搁置大于2h拌制浆液，当作废浆进行处理，禁止再用。

（2）基坑监测运用。基坑的深度是比较深的，且周边环境较为繁杂，为确保工程安全生产，监测工作是极其关键的。①需委托有着相应资质且经备案监测部门实施相应监测工作。②在监测之前需对于监测工作的方案实施专家备案以及论证，保证支护工作在完成后及时实施监测，从而确保对于支护工作在施工进程当中的作用是不是需要调整方案做到实时了解。

三、基础工程深基坑支护施工概述

（一）深基坑支护施工的基本要求

深基坑支护施工是一项较为复杂的系统工程，具体操作程序包括挖土、挡土、围护等环节，其中任意环节有误都会影响整个工程，甚至会导致安全事故。施工单位要严格按照设计规范组织施工，对每个施工环节都要制定具体的施工方案，并加强控制力度。对特殊地质基层施工时，要精心设计方案，细心实施计划，具体包括以下方面：①设计方案应与工程实际情况相符；②应解决地下水的问题；③在土方开挖过程中，应逐层开挖，不能直接深挖，以保证施工过程中土体的稳定性。

（二）深基坑支护施工中的问题

深基坑支护施工技术有很多特点：①基坑开挖深度大、开挖工作量大，基坑周边条件较为复杂；②基坑内地质条件复杂，工程开挖区域淤泥层较厚，淤泥稳定性差，施工难度大；③施工难度大，地质条件复杂，施工过程可能遇到孤石、流沙、承压水等问题，施工难度较大。

四、深基坑支护施工现场技术管理

（一）施工准备

施工前期应充分做好各项准备工作，作业之前，应做好人员、设备、物资、技术的统筹协调，检查施工现场的各个要素，做好技术方案，重视技术交底，细化技术实施流程，科学勘测支护施工的现场。具体而言：勘测深基坑施工现场的地质环境，综合考虑基坑工程地质条件。做好施工区域管线、管道以及其他地下设施的避让，确保施工安全。对照支护方案，观察图纸与现场是否有所差异，如果存在差异，及时与设计方进行沟通，确保支护质量达标。确保物资材料充足、设备试验完好、人员培训上岗。

（二）排桩支护技术的应用

在深基坑支护施工技术的应用过程中，排桩支护技术较为常见，指用钻孔灌注桩等作为基坑侧壁围护，顶部锚筋锚入压顶梁，结合水平支撑体系，实现保证基坑稳定的目的。该技术在深基坑支护过程中有较大的灵活性，能够在较大程度上提高基坑岩土的稳定性，并且此基础还能通过调整桩体密度增加维护结构的强度，从而提高基坑支护效果。

（三）深基坑支护施工的主要流程

深基坑支护施工需要按照一定的程序进行，施工人员应先进行支撑系统外部土方的开挖和搬运工作，然后进行基坑内部施工。根据基坑支护结构的特点，需要将土方开挖分成6个阶段进行。每层土方开挖的原则为先进行栈桥位置的土方开挖和外运，接着根据每层土方的开挖工程量和工期配备一定数量的挖机和自卸车。基坑支护系统施工是第一个阶段，在第一阶段的施工过程中，应将止水帷幕施工放在首要位置，完成后，开展围护灌注桩施工，在该工作过程中，需要对立柱桩进行安装施工，其中包括钢格构式等多种样式，具体应根据实际情况进行选择。然后是第二阶段的施工工作，包括土方开挖、内支撑施工和养护工作。由于其复杂性较强，在该阶段施工过程中需要施工人员展开密切配合，主要是将支撑施工和土方开挖密切结合，共同施工，并且还需要遵守相关施工原则，分段开挖的每段长度都不应超过 20m，基坑开挖需要遵循的原则包括坚持分层开挖和禁止超挖，还需要坚持从上到下的顺序，开挖后应及时支护。

深基坑支护工作对于建筑项目质量有着关键作用。在一方面来说，基坑施工进程处在持续变化的进程，对于施工情况跟进与监测信息整理收集需各单位互相协调，来确保建筑项目的安全以及进度等方面。从另外一个方面来说，在施工之前应当制定出细致施工措施，不过不可以墨守原有方法，在确保没有对整体的施工造成影响的前提之下，必须得依照现实施工情况来对于方案实时适度的优化。

第七章　深基坑开挖及支护工程施工技术

第一节　建筑工程深基坑开挖施工要点

深基坑开挖量相对较大，可能会对周边构造物的稳定性造成影响，必须对此加以重视。本节主要对深基坑开挖的施工工艺进行研究，并探讨分析施工中的要点，以期为深基坑开挖施工提供积极理论指导。

基坑施工是建筑工程的关键性构成部分，直接影响了工程的稳定性，属于综合性较强的系统性工程。通常情况下，开挖深度超过 5m，或虽未超过 5m，但施工现场环境、地质条件、地下管线等相对较为复杂，可能会对毗邻建筑的安全性造成影响，均可属于深基坑范畴之内。因此，在深基坑开挖施工阶段，应综合考虑多方面因素，确定科学的开挖方法，以确保建筑工程的安全性。

一、工程案例

某综合性办公楼整体地下室为 2 层，以钻孔灌注桩结合二道钢筋混凝土内支撑作为基坑围护结构，基坑防渗止水帷幕设计为水泥搅拌桩，局部地区由于空间限制拟采用素混凝土嵌桩。地下室底板相对标高为 -10.450，下设碎石垫层及砼垫层，基坑开挖深度为 9.350m，平面形状近似长方形，其尺寸为 190m×90m，根据相关技术规范要求，该项工程中基坑安全等级为一级。经由技术人员对施工范围内实际情况的勘测，地下水埋藏相对较浅，以浅部的孔隙性潜水为主，为避免在土方开挖阶段出现积水现象，应按照相关标准设置盲沟和集水井，及时将水分排出。在开挖施工阶段严格遵循设计要求，避免对周边建筑物造成影响。

二、建筑工程深基坑开挖施工要点分析

（一）前期准备工作

施工机械准备。挖掘机、装载机等是深基坑开挖阶段所需的主机械设备，应根据建筑工程实际地质水文条件确定设备规格及数量，在保证工程施工进度的前提下，避免出现设

备闲置的现象，增加工程造价。待机械设备进入施工现场之后，由专门操作人员调试设备参数，加强易损部位的检测，并形成相应的管理档案。施工阶段定期维修、保养机械设备，防止出现机械故障，对施工质量造成影响。

施工现场处理。在基坑施工开始之前，将挖方区域内的障碍物全部清除，明确地下管线的分布走向，加强对附近构物的保护措施。待障碍物清除完毕之后，初步整平作业面，为后期开挖施工创造良好环境。在充分掌握工程基础设计图纸要求的基础上，设置施工现场的水准点，测量基坑开挖范围，形成施工基准线。水准点应不受外界因素干扰，牢固可靠且通视良好，通常将其设置在施工现场边线方向，其测量闭合差应控制在 ±12 以内，（L 表示水准点间距，以 km 计）。同时根据施工方案要求进行施工放样，确定基坑变形、沉降监测点的位置。在测量放样过程中应严格控制测量误差，将其控制在条件允许范围之内，并对各项测量数据进行复核。

（二）基坑排水施工要点

为防止水分在开挖过程中渗入基坑内部，应加强基坑排水施工，及时将多余的水分排出。首先，基坑外排水，将排水沟设置在基坑外部，合理确定确定集水井的尺寸，并配置水泵将积水抽出。其次，基坑内集排水，将集水井设置在基坑内部四角位置，浅层地下水及自然降水可通过内部集水井排出，由潜水泵输送至排水管网之中。通常采用动力水泵进行基坑排水，水泵的排水量为基坑涌水量1.5~2倍。

（三）施工顺序及区段划分

通常情况下，深基坑开挖土方量较大，为保证工程施工顺利进行，应对施工长期进行合理划分，遵循"先挖后撑、分层、分区、对称限时"的原则，确保基坑对称卸载。在深基坑施工过程中，避免出现土体积水滑移现象，下层基坑土开挖时必须保证支撑梁的强度达到相关标准，通常为设计强度的80%。根据基坑工程的实际情况，结合设计方案具体要求，确定土方开挖层次及深度，在保证开挖质量的前提下，优化施工效率。通常采用边开挖、边外运、边支护的施工方式，加强开挖与支护作业的配合，尽量避免基坑长时间在无支撑的情况下暴露，控制开挖阶段的位移及变形。

（四）土方开挖施工要点

首先，应根据工程项目的实际情况选取相应的开挖方式，常用的施工方式有中心岛式挖土、逆作法挖土、逆作法挖土以及放坡挖土，遵循"开槽支撑、分层开挖、严禁超挖"的原则，分层、分块、对称开挖。以施工部署走向为依据，向出土口退挖，为提高施工效率，可分为两个作业面同时开挖，合理配置挖掘机数量，直至开挖深度达到分层面标高。采用台阶后退法进行底层土方段施工，待分层开挖至出土口台阶后，呈放射状后退挖土。开挖施工阶段应及时将挖出的土方由运输车辆运送至指定存土场，在运输过程中避免出现泄漏现象，对周边生态环境造成影响。机械开挖至距设计标高 30cm 左右时，组织施工人员进行人工开挖，以免出现基坑超挖问题，同时也尽量减少坑底土体破坏。基坑开挖完成后，检测开挖尺寸及深度是否满足设计要求，若存在误差过大部分，应及时采取相应的处理措施。

三、建筑工程深基坑开挖施工质量控制措施

在深基坑开挖施工过程中，应根据建筑工程实际地质水文条件选取相应的开挖方式，制定科学施工方案，合理划分土方开挖施工顺序及区段。施工前根据测量放样结果量化土方开挖数据，确定基坑尺寸、分层开挖的层数及深度。挖土机作业时应规范操作，避免对工程桩、支撑梁、柱等造成碰撞、冲抓，对工程的稳定性造成影响。由专人负责指挥土方开挖作业，严格控制每层开挖深度，禁止出现超挖现象。当两台挖掘机在一个作业面上施工的情况下，其间距应控制在 10m 以上，挖掘机与下部边坡保持一定的安全距离，避免在开挖过程中出现翻车事故。为保证基坑开挖施工的安全性，应在基坑周围加设临时围栏，形成封闭施工区域，不得在围栏 1m 以内堆放土料。此外，基坑开挖阶段易出现边坡失稳现象，应对此类问题加以重视，严禁切割坡脚，当坡度大于 1∶5 时，避免在挖土区上方堆土。运输车辆的荷载、震动作用也可能导致边坡不稳定，必须严格控制边坡堆荷，以确保边坡的稳定性。

深基坑土体开挖之后，由于地基卸载，降低土体中的压力，在土体弹性效应的作用下，基坑底面出现回填变形现象，导致工作面隆起。基坑土质、深度、面积、暴露时间等是影响回弹变形量的重要因素。在后期建筑工程投入使用之后，此类回弹变形量会逐渐加大，导致出现下沉现象，直接影响工程的稳定性及安全性。为有效控制回弹变形量，应尽量降低基坑暴露时间，控制土体中有效应力变化，及时排出基坑内部的水分。

加强基坑监测。基坑监测的主要目的是掌握土层位移及沉降情况，确保基坑施工安全性。在满足基坑设计受力工况的基础上，可根据实际监测结果，及时对挖土的方法、流向、进度等参数进行调整。因此，在施工过程中应根据预先布设的位移、沉降观测点位，配备专门技术人定期监测，并详细记录观测数据，为土方开挖提供参考。一旦在监测过程中出现沉降或变形过大的情况，应及时停止施工，分析问题出现的具体原因，并采取相应的解决措施，以免影响周边构造物的稳定性，造成经济损失。

随着基坑开挖深度逐渐增大，侧向压力也随着产生变化，导致周围地面出现沉降、变形等问题，因此，在基坑开挖施工时应制定科学的支护方案，每层土方开挖完成之后，及时配合相应的支撑措施，确保深基坑施工质量及安全性。在土方开挖阶段注重对支撑结构的保护，施工机械荷载禁止直接作用在支撑上，同时根据土方开挖实际情况，选取相应的支撑措施，支撑结构的荷载受到挖土方式的影响，应尽量保证支护结构受力均匀，减少变形现象。

综上所述，近年来国民经济发展水平不断提高，建筑工程规模逐渐扩大，出现了更多

的深基坑工程。在深基坑开挖施工阶段，由于其挖土深度相对较大，地基卸载，导致侧向压力随之变化，不仅降低基坑施工的安全性，也可能对周边构造物的稳定性造成影响。因此必须根据基坑工程的实际情况选取相应的开挖方式，严格规范施工操作行为，明确施工要点，加强基坑监测工作，掌握土方开挖进度，及时调整开挖方法，加强对周边构造物的保护，从根本上提升建筑工程的安全性。

第二节　深基坑开挖专项施工技术

根据车站所处的地理环境和地质情况，提出了基坑开挖的施工关键和施工对策，并结合实际情况，对基坑的开挖顺序、开挖方式、注意事项以及在开挖过程中，为了保证土体稳定，对钢支撑的施工作做了详细的介绍，事实证明：只要技术方案合理、可靠，各项准备工作充分、到位，就一定会取得令人满意的效果。

一、工程概况

迎宾路站位于都江堰迎宾路与内二环路相交处。周围有许多房屋建筑，为成灌铁路都江堰市区内地下车站，采用明挖顺做法施工，围护结构设计为两端采用人工挖孔桩。车站长度255.6m，结构宽度18.1～59m，基坑开挖宽度18.1～71.42m，开挖深度12.37～14.17m。

该段隧道线路位于成都冲洪积、平原西部边缘，地势东南低西北高。线路位于成都平原西部边缘构造带，为龙门山山前隐伏断裂带。

（一）开挖施工关键

基坑开挖及支撑过程中根据土体变形的时空效应原则，缩短开挖与支撑的间隔时间，减小因围护桩过量位移而引起的周边土体下沉量，以保护周围建筑物和行车安全。

基坑开挖采用"纵向分段、竖向分层"挖完每小段土方、安装好该小段的支撑、施加预应力的总时间应控制在20小时以内；每层土方开挖底面不能低于相应支撑中心以下1000mm；设计坑底标高以上200mm厚的土方，应采用人工开挖；开挖分层厚度1m，每段长度在10～20m；存在立柱桩的部位，必须注意开挖标高控制，首先必须挖至横向立柱下方，且开挖中立柱周围1m范围内不允许采用机械开挖，防止立柱歪斜；基坑开挖从上到下分层、分段、分块进行。基坑抽槽横向坡度为（1∶2）～（1∶2.5），纵向坡度为1∶5，满足车辆坡道运输。

土方开挖按先挖中间（先抽槽）架设支撑，后挖两边的土体，尽量减少围护结构的位移。端头部分由于中间无支撑的面积较大，为减小基坑无支撑暴露时间采用先开挖边角的斜撑区域的土体，最后开挖中间的土体并逐步退到标准段的开挖。

基坑开挖到设计标高时，应及时浇筑垫层砼，以封闭基底。

（二）基坑开挖对策

对车站土方开挖根据理论计算分析，合理分段分层开挖，开挖后及时支撑并施做合适的预加应力。

采用信息化施工，及时量测各项数据，通过理论计算分析指导施工，确保施工方法的科学可靠。

基坑开挖总体原则按照"纵向分段、竖向分层、先支后挖"进行施工。车站开挖还应遵循先中间开挖后两边，基坑开挖纵向分段和主体结构施工分段相同。基坑开挖时根据支撑竖向布置进行分层开挖，根据支撑平面布置间距进行分步开挖，采用挖掘机挖土，自卸车运输的方式开挖，开挖厚度1m，开挖后及时进行喷射砼，地表土体开挖至冠梁底标高，根据前期的监测资料，一道支撑架设在冠梁开挖2层（4m）后进行架设；开挖至第二道钢支撑中心线以下0.8m时，需凿除护壁砼，进行牛腿及围檩的安装，暂不架设第二道钢支撑；剩下3.5m高土体采用一次性开挖完成，开挖中第二道钢支撑下土体开挖完成后，立即进行第二道钢支撑的架设。

二、基坑开挖施工

车站基坑开挖计划从由两头向中间分四次进行。第一次开挖面至冠梁底面开挖深4.0m（采用分层开挖，分层厚度1m）；第二次开挖深度为4.0m，进行第一道钢支撑架设；第三次开挖至第二道钢支撑下0.8m，进行支撑牛腿安装；第四次开挖至基底深度为3.5m，进行第二道钢支撑架设，开挖中每层厚度1m，每层完成后及时进行挂网喷射砼。

（一）基坑开挖技术措施

每段基坑开挖时均应超前设置一个1.0×1.0×1.5m的集水坑，将基坑内水汇入集水坑，用抽水机抽排至基坑外的截水沟排放到沉淀池，充分备好排水设备，确保基坑开挖面不浸水，保证开挖作业顺利进行。

基坑开挖过程中及时架设支撑，保证基坑正常开挖及在加载卸载过程中围护结构的受力符合设计。

为保证坑底平整，控制超欠挖，基坑开挖到设计坑底标高以上20cm时，采用人工开挖找平，局部洼坑用砂填平、压实，同时设置集水井排除坑底积水，并立即进行结构垫层施工。

设立监测体系，建立信息反馈系统，在开挖过程中对支撑体系的稳定性、地表沉降、排桩位移、水位变化、钢支撑轴力变化等派专人监测，并作好观测记录，出现异常立即处理。

纵向边坡根据土层技术参数及实际情况放坡，边坡喷设混凝土护坡，保证边坡稳定。

施工过程中严禁碰撞钢支撑、钢围檩及临时支撑立柱桩、梁等构件，确保钢支撑受力状况良好。

（二）基坑监测预警

深层土体水平位移预警值：位移累计30mm或最大位移变化速率连续三天超过3mm/d；坑侧地表最大沉降预警值：沉降累计30mm或变化速率连续三天超过3mm/d；轴力最大预警值：最大轴力1200kN。

三、钢支撑施工

确定每道钢支撑的长度及拼装用料，组织钢支撑进场，试拼装后进行编号，有序堆码。现场配备2台100t千斤顶，并对千斤顶、压力表进行标定；同时组织两台35T汽车吊，停放于适当位置。用汽车吊安设钢围檩与钢管支撑，通过钢支撑活络端用油顶施加预应力。再用楔块塞紧，取下油顶。每道支撑安装完成后，即刻在其两端用16mm钢丝绳将钢支撑固定在冠梁顶面的预埋钢筋上或安装的膨胀螺栓上。每层土体开挖完后，钢支撑的安装和预加力的施加应在8小时内完成。

钢支撑安装应满足规范要求，预应力施加中，必须严格按照设计要求分步施加预应力。第一次预加50%~80%；通过检查螺栓、螺帽，无异常情况后，施加第二次预应力，达到设计要求。

钢支撑的拆除条件：结构底板和顶板的砼强度达到设计强度的85%以上时。

钢支撑拆除应分段分层拆除。用35t汽车吊将钢支撑托起，在活动端设2台100t千斤顶。施加轴力至钢楔块松动，取出钢楔块，逐级卸载至取完钢楔。最后用汽车吊将支撑吊出基坑。

安全施工措施：

施工前应对操作工人进行安全三级教育和岗前安全培训，培训合格后方可上岗，特殊工种必须100%持证上岗。

安装作业时。要正确系好安全带、扣好保险扣，高空就位后要有临时固定措施，各类工具、材料、配件应采取防止高处坠落的安全措施。

严禁使用不合格的钢支撑材料。钢支撑加工前由机械技师对所有机械性能进行检查，合格后方可使用。安装时严格按设计进行。

钢支撑安装时，必须按照设计要求正确施加预应力。对施加预应力的油泵、压力表装置要按要求进行标定，确保应力值正确，并做好记录。

在安装托架、钢围檩时一定要注意在边坡设防护栏，并同时安排专人将边坡上部将杂物清理干净。防止坠物伤人。

支撑吊装时其吊车下方及支撑回转半径内严禁站人，高空作业要系安全带。

施工中需要重点做好对钢支撑安装和使用过程中的轴线偏差及冠梁、钢围檩的位移的观测，如超过允许值，应迅速采取处理措施。除此要注意基坑支护结构的水平位移及地面沉降监测，其控制标准为地表最大下沉值为30mm，隆起量为10mm，基坑围护结构钻孔桩水平变形值最大不超过0.0025H（H为开挖深度）。监测报警值为上述数值的80%。

成灌迎宾路车站站基坑开挖施工的实践证明，在地铁站基坑开挖施工中，只要做好以下几点，就一定能得到令人满意的结果。

根据本工程所处的地理环境及工程地质情况，制定与之相应的施工开挖技术方案；

钢支撑的位置应计算准确，并确保施工无误；

确保施工过程中技术可靠，相关措施得当．各项工作按部就班，管理到位．保证每道工序顺利进行。

第三节 临近既有线深基坑开挖防护技术

现阶段，国内外针对深基坑所开展的施工工程数量呈现出了明显的增多趋势，正是因为如此，才有大量的支护方案被提出，并应用在实际施工的过程中。对于临近既有线的深基坑开挖工程而言，施工单位需要根据实际情况对防护措施加以确定，只有这样才能在最大限度上对既有线的行车安全进行保障。本节运用理论与实际相结合的方式，从施工方案的选择和实际应用两个方面出发展开了较为系统的分析，供施工单位参考。

随着社会的进步和经济的发展，现阶段，我国各地区建筑工程项目规模较之前相比均具有明显扩延，在对建筑地下工程进行施工时，施工人员需要在避免对周围居民日常生活带来不利影响的基础上，完成扩建工作，想要达到这一目标，对深基坑支护技术加以应用是很有必要的，因此，针对临近既有线深基坑所开展开挖工作应用的防护技术展开研究具有的现实意义不言而喻。

一、施工方案的确定

通过对本节所研究基坑进行钻孔取样能够发现，该基坑地质条件相对复杂，具有十分丰富的地下水，在需要开展基坑开挖施工的范围内，还存在着厚度较厚的沙层，无论是沙层的存在还是地下水的存在，都给后续基坑防护工作的开展带来了一定的影响。因此，想要对既有线加以保障，较为常见的放坡开挖方案需要被舍弃，设计人员在进行实地勘察后选定地下连续桩支护作为最终的施工方案。

二、深基坑开挖防护技术的具体应用

由于基坑需要进行深度开挖，受沙层和地下水影响，在开挖的过程中，较易由于涌沙情况的出现导致地面下沉，进而对道路通行产生影响。对施工人员而言，一旦出现上述情况，往往很难在短时间内对变形进行有效控制，基坑垮塌的问题由此而出现，这对于施工

的安全性和效率而言，都是非常不利的。因此，结合项目实际情况，最终对下文所提及的防护技术和步骤进行确定。

（一）计算基坑开挖结构

在确定基坑防护参数值后，施工人员便应当对承台进行开挖，再以围护桩位置高度作为依据，每隔一根围护桩，安排一个牛腿，牛腿的作用主要是对工字钢梁进行依托，避免不必要安全隐患的出现。将加工后的工字钢梁分别放置在牛腿上，并通过焊接的方式对其进行加固，在焊接过程中，施工人员需要对斜撑部分的焊接工作引起重视，保证与项目要求相符。在对钢管进行加工，使其成为横向支撑后，施工人员便需要将加工后的钢管通过吊装的方式，使其升至与工字钢梁相同的高度上，在这一过程中，施工单位应当选派专业人员，在预留位置利用千斤顶顶住钢管，顶紧后，便可以将钢楔块添加在位于活动端的两块钢板之间。待上文所提及的工作告一段落，基坑防护结构也呈现出了初步的形状。

（二）挖基槽

需要明确一点，在基槽挖掘过程中，一旦有问题的出现，不仅会导致工程延期，还会对地下连续墙结构所具有的稳定性产生影响，该防护技术具有的作用就无法被完整地呈现出来。因此，在施工过程中，施工人员在将混凝土材料向所对应基槽内部进行灌入前，首先应当对基槽的位置加以确定，避免不必要问题的出现，给施工项目带来不利影响。

（三）加固坑内土体及成槽

对施工单位来说，在施工过程中需要引起重视的部分应当为安全保障工作，对地下连续桩支护而言也不例外，因此，在对地下连续墙进行施工时，施工人员必须在对自身安全以及墙体的稳定加以保证。由于针对地下连续墙所开展的施工工作，通常需要较长工期，因此，想要对施工的安全性进行保证，最有效的方式就是在施工过程中对地基进行重复加固。除此之外，负责项目质检的人员还应当保证工作能够覆盖施工的各个环节，一旦发现有问题存在，在第一时间向上级部门进行汇报，避免不利影响的范围被进一步扩大。

（四）泥浆护壁

在对地下连续墙所对应基槽进行挖掘时，出现频率较高的问题即为地下连续墙的墙壁被破坏，想要避免该问题的出现，施工人员应当对泥浆的作用引起重视。这主要是因为泥浆不仅能够对塌方问题进行防治，还能够对机具进行冷却以及润滑切土。因此，施工人员需要对所生产护壁泥浆的质量进行保证，将护壁泥浆在对地下连续墙进行施工时具有的作用进行完整呈现。

（五）导墙制作

导墙具有的作用主要包括成槽开挖时，对起重机、成槽机等设备产生的荷载进行承受，以及对地下连续墙进行定位。因此，在对导墙进行施工和放样时，施工人员需要保证每一步的准确性。另外，成槽机破土入槽时，如果想要对抓斗垂直度加以保证，具有决定性作用的因素同样为导墙，由此可以看出保证导墙质量是十分重要的。在对导墙进行制作的过程中，施工人员需要对导墙平整度及内墙面垂直度进行准确地掌握和控制。

（六）混凝土的浇筑

通过调查可以发现，大部分施工单位在针对地下连续墙进行混凝土浇筑时，普遍将泵送浇筑作为第一选择，因此，想要对浇筑质量加以保证，施工人员在浇筑的过程中需要将导墙结构作为参考，另外，对于已经达到硬化标准的混凝土，施工人员应当及时开展对浮浆进行处理工作，保证硬化后的混凝土能够与行业及工程标准相符合。

通过对上文所叙述的内容进行分析能够看出，在对临近既有线的深基坑进行开挖时，能够使用的支护方法较多。需要注意的是，由于临近既有线，因此，施工单位应当尽量避免在雨季在对基坑进行开挖，如果需要在雨季施工，施工单位应当将工作的侧重点放在排水方面，并通过水平位移监测的方式，保证对基坑情况具有准确地掌握，一旦发现有安全隐患存在，在第一时间采取相应措施，避免后续施工环节受到不必要的影响。

第四节　工民建中深基坑开挖与支护施工技术

工民建施工的过程中深基坑相关的工作开展有着重要的意义，可以有效地保障建筑的基础稳定性，实际开展工程的过程中需要结合工程实际来分析土质等环境因素，确保工程质量。

工民建施工过程中施工监督的工作内容对于程序施工质量有着重要的意义，如果出现问题的话，就很容易对人们的生活工作带来负面影响，文章就此展开分析，希望可以给有关从业人员以启发。

一、深基坑支护技术特点

近年来，随着国内经济的发展和技术的不断进步，中国的工业和民用建筑继续蓬勃发展。但是，在工业和民用建筑的发展中，前所未有的机遇和挑战都受到了严峻的挑战，而科学技术的飞速发展则面临着问题。深基坑人工开挖锚索施工的核心技术这是土木工程的一部分，是项目建设的核心技术。尽管在新兴的土木工程领域中对该技术的相关研究具有所有成功的基础和实践经验，但是在实际的项目建设中，仍然存在一些严重影响工人素质和土建工程质量的问题。因此，有必要继续加强对各种人工开挖和深基坑支护技术的科学研究。由于地域辽阔，低纬度跨度较大，土地类型更为复杂多样。特别是在上游和中游广阔的冲积平原的南部，有必要对这些复杂的地形进行综合分析以找到解决方案。此外，大多数领导层建筑物都建在城市中，城市地区成功的基础设施也得到了进一步改善。在地下城市，由于缺乏深基坑的人工开挖，交通，地下管线和通信设施所需的所有弱电线路都建在地面上，分布在网络中，密度很高，在某种程度上，我们应该更加谨慎地连接各种周围的设施。因为，深基坑技术的实现在施工中变得越来越困难。随着经济的总体发展和社会的巨大进步，由于城市人口的快速增长，城市化进程也在加速。沿河在海岸的最南端，城市建设用地的使用面积非常短，这促进了高层建筑外观的快速增长。为了保证建筑物的稳定性以满足人们的需求，有必要进一步稀释深基坑的深度，这与其他建筑物的平台高度直接相关。

二、深基坑工艺

（一）推进施工

在回填基坑之前，必须先执行其他测量方法。将与此基础相关的垂直和水平引出线设置在包括中心建筑桩在内的中间位置，并直接测量原始基准线和中心线。在此基础上，可以及时测量监测断面，为边桩的成功提出了依据。检查完各种操作后，可以一起工作并进行操作。当测量结果控制核心网络技术以准确测量垂直和水平中心线布局时，应设计两个或更多方向控制桩，并在两端进行匹配。如果没有提供桩保护，则其他位置应在基坑回填之外。并且，严格按照细节设计的坡度，交叉点等被设置为返回基坑，并且准确测量了交叉点特定桩的最佳位置。在围堰基坑中，必须在水泥地面和排水系统中完成。在基坑开挖的外缘，首先必须独特设计防水棒和快速排水坡度，分析并获得现场的实际情况，准确测量适当的中间位置，并建立相关的排水沟，以连续有效地进行工作。防止大雨和雨水渗入。

（二）分析基坑开挖的稳定性

但是，对于雨水井和井口，应事先在基坑中进行开挖。如果地下室的水位在更换后急剧下降，达到设计和匹配基础的50s，也可以组织另一个人在现场手动开挖基坑。其简单的几何形状应满足各种基坑模板和基坑排水管的要求。对于无水土壤的基坑底部，应根据基坑独特的设计水平面外观尺寸，将每一侧加宽50cm，以满足周围集水井和排水渠的需要。但是，应注意，每侧第二大的放置宽度不应超出20～80cm。对于基坑支护的开挖，通常是劳力和设备的协同工作。在操作过程中，应按照独特的设计和最佳方案进行，例如其他平台高度，平台宽度，回填外观尺寸等，另外，在进行其他工况的工作时，有必要随时监视施工单位现场的地质变化。如果有任何核心问题，必须及时纠正基坑和人工开挖的坡度的大小。在开挖和施工这两个过程中，必须经常进行准确的测量和检查，并且基坑不会再次开挖，从而导致土方开挖太少。

三、支护技术

（一）排桩或隔墙施工技术排桩

隔墙施工技术是深基坑锚固支护工程施工技术的关键组成部分之一，主要包括挡土墙，支护等。在施工过程中，严格施工的每个部分均应采用标准。桩的类型很多，例如铁管桩，预制混凝土砂浆桩等。同时，不应根据上述基础凹槽的侧面选择哪排桩。此外，在工况的施工过程中，应特别注意地下水位的实际高度。在地下水位较低的情况下，它可能略高于基坑底部，因此应及时进行直接处理，例如脱水和划船。建筑材料的土壤屏障具有许多优点，因此它们被广泛用于深基坑的井壁中。取得这种强大优势的一些主要原因是混凝土屏障的总重量以及混凝土墙的强度和刚度。然而水泥泥墙通常不设置支撑，并且水泥石墙的类型很多，它们也可以主要用于生活和安全的第二或第三级。另外，使用水沙土墙时，基坑的深度应不小于六米。

（二）土钉墙的技术单位为临时加固

土钉墙的加固是建筑施工中常用的技术，土钉墙施工技术的使用与其他核心技术非常相似。一般来说，另一种技术是被动的节拍和修复核心技术。土钉墙在埋桩中起着积极的作用，可以在更大范围内保证深基坑施工的稳定性和安全性。

（三）反向建造拱墙

在河底的淤泥和泥泞的土壤中，不应使用标准拱墙的反向施工。当采用拱壁逆向施工时，要从多个方面考虑的核心问题是二维平面圆孔是否合适。只有经过适当的研究结果，才能将各种倒拱墙技术用作深基坑的挡土墙。倒拱墙的应用范围相对较小，大多数为三层，随着中国工业和民用建筑工程的大规模建设，深基坑开挖施工和喷射混凝土技术的实施，已成为中国当前建设不可缺少的基本技术环节。这两项技术的相互支持，为建筑群施工现场的质量安全提供了保证，也为建筑群施工单位工期提供了保证，也进一步加大了我国建筑外观技术的发展。能提供强大的动力。要进一步扩大这一核心技术的开发和完善，以要求国家政府和社会公众对建筑外观没有任何要求，促进我国建筑和土木工程事业的进一步发展。

工民建进一步施工的过程中，深基坑的开挖和支护相关的技术有着越来越高的重要性，实际开展工作的过程中必须要确保技术应用的有效性，确保施工的工期能够得到保障。

第五节　建筑工程中深基坑开挖与支护施工技术

在新时期社会发展中，各行业已经迅速发展。其中的建筑工程建设中，深基坑开挖和支护施工技术也被广泛应用。但是，由于这种施工有较大难度，与工程质量存在很大关系，因此，本节通过对深基坑支护工程特点的分析，探讨出建筑工程中的主要支护施工技术，确保工程的完善开展。

深基坑开挖和支护施工技术促进了建筑工程的建设安全性和稳定性，尤其是在新时期科学技术水平提升下，人们对建筑工程质量提出了较高要求。在深基坑开挖和支护施工技术研究工作中，传统的施工手段无法满足建筑需求，需要及时分析施工问题，加强对施工方案的调整，促进工程施工安全程度的提升。

一、深基坑开挖支护施工的特点

在现代社会发展中，随着建筑层数的不断增多，深基坑开挖的深度逐渐加深。因为城市建筑具备的可用面积存在很大限制，在深基坑开挖工作中，其复杂程度不断提升，将面对较大难度，其表现的特点具备以下几个方面：①深基坑开挖支护工程为一种临时性的工程，但是，在具体工作建设和开展期间，施工工程会贯穿于整个基坑工程中，实际的施工周期比较长；②深基坑开挖支护的形式多种多样，在整体上更复杂；③深基坑开挖施工具备更大的规模，在施工中容易面对很大问题；④施工环境也更为复杂，因为在建筑工程建设和发展中，深基坑开挖支护施工能达到良好的稳固地基目的，防止土地塌陷等，促使其作用的发挥和实现。同时，在深基坑开挖支护施工工作中，针对土体的变动现象，也会维护整体的施工安全性。

二、深基坑开挖支护施工技术

土钉支护施工。为了对深基坑边坡有效加固，确保深基坑的支护土层更稳固，可以引进土钉支护技术，保证土钉和土体之间逐渐摩擦，促进土层整体性的提升。在该方法实际应用中，需要结合建筑工程的实际情况，按照现场施工标准有效分析和思考，保证能确定出准确的土钉强度和抗力。还要对拉力和弯矩之间的作用有效控制，以达到工程的优化开展和形成。期间，还需要注意几方面的问题：①在施工土钉支护施工技术前期，需要按照具体的施工要求，对土钉进行拉拔试验工作，确保土钉拉拔力的获取，在这种试验工作中，也要在第三方监管下，对注浆力度和注浆量严格控制；②结合施工现场地钻进长度，对土钉支护的深度进行计算，确保为后期施工提供便利；③在对土钉支护施工技术应用的时候，需要根据一定的设计要求，在具体施工过程中添加添加剂，确保添加剂和混合料之间配合比更科学。在实际注浆的过程中,也要对水泥的重力作用详细分析,达到自然坠落的目的,促使注浆工作的完善化,也要做到及时补浆。

土层锚杆施工。在深基坑支护施工工作中,在地下连续墙完成后,需要进行基坑围护结构的灌注桩、钢筋混凝土土桩施工等工作。也要在具体施工的时候,对其执行进度详细计划,保证土层锚杆施工工作的完善化。首先,成孔,结合工程施工的现场情况,利用冲击式钻机等对土层锚杆钻孔。其中,存在的成孔方法为压水钻进法,在该方法应用条件下,对其一次性清孔、出渣等,促使多个程序的优化完成,然后,安放拉杆。在具体的工程施工前期,要对拉杆实施有效的除锈工作,将钢绞线上存在的铁锈清除,其中,土层锚杆的长度为 30 m。最后,灌浆。该施工程序为锚杆施工的关键,其使用的灌浆材料为硅酸盐水泥。当发现深基坑的地下水为弱酸性,可以使用防酸水泥。针对水泥浆的流动性,在能满足一定要求条件下,降低水灰比,避免泌水、干缩情况的发生。

护坡桩施工。护坡桩施工工作中,首先,要结合具体的设计要求,使用螺旋钻井机对其打孔,按照孔底到上部压入的水泥泥浆方式。在该工作中,也要确定出地下水的实际位置,确保浆液符合标准设计的需求。然后,提出钻杆,使用钢筋和骨料进行填满,最后,进行分阶段的高压补浆施工工作。

深基坑开挖支护施工管理。在深基坑支护施工工作中,监理工作发挥十分重要的作用。在施工的各个环节内,其工作要点和建筑工程质量存在很大联系,在具体进行期间,监理人员根据施工现场的情况,对地质情况、问题等详细探讨,确保深基坑支护设计方案的严格化,保证在具体的计划下,达到施工工作的可行性发展。同时,在施工过程中,也要加强对施工工艺有效应用,促进施工工序的有效完成,以保证建筑工程深基坑支护施工的安全。同时,还需要对施工地基周边的管线敷设情况详细检查,保证自身责任意识的提升,在这种情况下,避免对其造成伤害,也能提高工程的整体质量。

加强对施工过程的观测。在深基坑支护施工中,一些施工人员重点追求施工工期,无法对工程项目的质量进行检测。所以,在施工期间,需要在专业人员指导下,对其存在的施工环节和项目进行检测,当发现问题的时候,要马上解决,以保证工程的总体建设质量。还需要注意对深基坑边坡变形情况、周边建筑物、地下管线的检测,保证各个工作都能满足一定规范。但是,如果发现其产生问题,要马上停工,加强对工作的检查,避免给建筑工程带来较大的安全隐患。

加强对施工质量的管理。在深基坑和支护施工工作中,保证其建设质量,对建筑物的整体安全和质量存在很大联系,也能为人们的财产、生命安全提供强大保障,达到多方面的相互联系。所以,在深基坑支护施工工作中,要对工程的建设质量进行监督。因为深基坑支护施工中,其存在的各个环节都需要专业知识,尤其是在设计环节,存在的专业知识较多。但是,施工单位对该方面较为欠缺,受到利益因素的影响,常常会存在偷工减料等现象,无法促进深基坑支护施工质量的提升。因此,在整体建设和发展下,施工单位需要为其构建施工质量监督管理体系,促进责任制度的充分落实,在具体的深基坑支护施工开展前期，要为其做出充分准备工作，确保工作责任落实，明确具体的工作职责，以保证施工质量的提升。

通过以上的分析和研究，在建筑工程建设中，深基坑开挖与支护施工较为复杂，面对的风险性更高，其质量和整个工程的质量存在很大联系，能确保整体的顺利发展。所以，施工单位要加强对工作的重视，分析工程现场的实际情况，保证施工方案的科学与完善，并在具体执行过程中，对各个施工工序、项目等进行管理，在这种情况下，不仅能达到问题的有效处理，也能提高建筑工程的质量。

第六节　地铁车站深基坑开挖围护结构与施工技术

文章通过结合某地铁车站深基坑围护施工实例，对该基坑采取地下连续墙的围护方式。系统地总结了地下连续墙施工技术在深基坑围护工程中的具体应用，提出地下连续墙施工的相应施工技术要点，为同类工程提供参考借鉴。

一、工程概况

本工程为某市一地铁工程的其中一站的车间深基坑开挖工程。本地铁深车间基坑工程位于该市经济技术开发区，本工程在设计时采用明挖顺做法。根据本工程的工程地质情况。水位条件以及周边环境的情况，经过设计、施工等相关单位的共同探讨和分析之后，决定采用地下连续墙作围护结构兼作地下室外墙的二墙合一的方案，墙厚为800 mm，钢管的直径为609 mm。本工程分为两段，分别为端头井段和标准段，两段的连续墙深度不同，端头井处的开挖深度为17.3 m，而地下连续墙的深度为30 m，标准段的开挖深度为15.7 m，相应的地下连续墙的深度则为28 m。每幅地下连续墙的长度为4.4～6 m，布置形式主义有三种，分别为一字型，L字形以及Z字形，采用C35、P8水下混凝土。在施工过程中应采用精密的仪器对基坑变形进行实时的检测，以达到动态施工控制的目的。

二、地铁车站深基坑开挖围护结构施工准备

（一）施工技术准备

熟悉和审核施工图纸。开工前对场地工程地质资料和水文地质资料、围护结构、土方开挖、盖挖路面施工图等各种施工图进行熟悉，在熟悉图纸的基础上完成图纸会审、设计交底工作。

依据施工图，编制可实施性的土方开挖施工方案。依据设计文件、调查资料以及施工图纸，按照施工合同要求，制定经济合理的施工方案，报监理工程师审批后组织实施，并

在开工前组织有关人员进行技术、安全交底。

测量复核。根据设计单位提供的导线点、水准点和测量资料，对这些点进行复测；并将交桩复测报告上报监理工程师审核。以测量控制点控制基坑开挖标高、基坑开挖限界等尺寸，同时为钢围檩、支撑安装等工序施工提供指导在土方开挖施工前制定详细的施工测量方案并在施工中执行。

（二）劳动力配置

地铁车站规模大、施工工期紧、任务重、施工难度大，为了顺利完成该项施工任务，我项目部选派有施工经验的现场管理人员协调基坑开挖施工中的各个环节。根据工期安排，进场前对施工人员进行全员入场教育、岗前培训，对施工人员进行基坑开挖施工中各个工序、工种的专项安全、技术交底。

（三）施工机械、物资准备

根据现场平面布设，在开工前做好物资、临建工作。开工前落实各项施工用料的计划，按照相关程序要求选定合格厂家和产品，签订供货合同，并分期分批组织进场。根据主要机具需用量计划，及时组织机械设备的进场、安装、调试，保证使用。大型设备进场前要进行设备报验，经过监理批复后的合格设备才允许进场施工。施工物资进场后需报验，并准备相应的合格证、出场检验报告、进场复试报告，物资进场报验合格后方可投入使用。

三、地铁车站深基坑开挖围护结构施工工艺

（一）导墙施工

在地下连续墙的施工中，导墙起到控制平面位置、引导垂直方向、挡土以及稳定浆液面护槽的作用，通常导墙修筑在地下连续墙轴线的两侧位置，在槽段开挖之前，应先进行导墙的修筑，这样可以起到稳固地面土的作用，方便成槽施工。导墙施工的主要工序为平整场地→测量定位→挖槽→浇筑垫层→绑扎钢筋→支模板→浇灌混凝土→拆模板并设置支撑→导墙外侧回填土。

在进行导墙施工时，应保证导墙的基底与土面能够紧密地结合在一起，这样可以防止泥浆渗入到导墙的后面。导墙采用分段施工的方式，在对每段导墙进行施工时，应预留一段水平钢筋作为连接钢筋，在相邻导墙施工时可通过预留的水平钢筋连接在一起。在成槽施工时，导墙是起到引导液压抓斗施工的作用，因此应确保导墙的位置、尺寸以及垂直度能够精确的满足规范的要求。通常情况下墙面与纵轴线距离之间的偏差不得超过 10 mm，内外导墙间距的偏差不得超过 5 mm，导墙顶面应确保水平，全长范围内的水平偏差不得超过 10 mm，局部的偏差不得超过 5 mm。

(二)槽段开挖

本深基坑工程进行槽段开挖采用的主要机械设备为 BH-12 型液压抓斗和 KH180 履带式起重机、50 t 汽车吊配套的槽壁挖掘机。在抓斗进入导墙时应保持缓慢的速度,轻提慢放,这样可以避免对泥浆造成较大的冲击,以防止泥浆影响导墙下面、后面的土层稳定。在进行挖土时,应确保悬吊机具的钢索紧绷不松弛,钢索保持垂直紧张状态,才能保证开挖的垂直度能够精度满足要求。在进行挖槽施工时,应密切关注侧斜仪器,如果倾斜度超过要求,应及时采取措施进行垂直度的纠正。在每段槽段成槽施工结束之后,应立即将挖槽机驶离作用槽段。

(三)钢筋笼的吊装

在本深基坑工程中,进行钢筋笼的吊装采用的机械设备为 KH180 履带式起重机、50 t 履带式起重机。在进行钢筋笼的吊装时,应确保钢筋笼的水平,同时主吊钩和副吊钩同时起吊,当钢筋笼起吊到一定高度之后,应缓慢地将副吊钩放松,同时继续提升主吊钩,从而使钢筋笼从水平状况转变成垂直状态,之后即可拆除副吊钩,最后根据对应的位置将钢筋笼放入槽内。

(四)浇筑墙体水下混凝土

本工程地下连续墙体采用的材料为混凝土 C35、P8 水下混凝土。水下混凝土的浇筑开始时间应在钢筋笼入槽之后的 4 h 之内。混凝土的下料应采用混凝土导管,本工程中所采用的混凝土导管直径为 300 mm,同时经过耐压试验确保符合要求。对于导管的拎拔拆卸采用的机械为履带吊。在进行地下连续墙水下混凝土的浇筑过程中,应确保埋管的深度符合要求,通常应控制在 1.5 ~ 4.0 m 处。

综上所述,在城市建设力度不断加大的今天,地铁车站建设也愈加重要。深基坑开挖围护结构作为地铁车站建设的重要内容,提高施工技术水平,才能保证工程建设的质量,才能为城市化发展提供强有力的保障。

第七节 明挖隧道深基坑开挖的安全防护施工技术

安全防护施工是明挖隧道深基坑工程建设的重要内容,但目前安全防护面临一些问题,主要表现为质量问题、施工风险、返工风险等方面。为有效弥补这些缺陷与不足,应该结合工程具体情况,有针对性地采取安全防护施工技术,提高明挖隧道深基坑施工质量、健全安全管理制度、利用现代化监测技术、采取有效支护措施,并重视明挖隧道深基坑降水工作、保护深基坑周围的建筑。

明挖隧道深基坑工程施工中,不可避免地会对周围建筑物产生扰动。且施工中需大量的开挖作业，如果忽视安全防护，很容易导致安全事故发生，给项目工程建设带来不必要的损失。为促进工程建设效益提升，保障施工人员安全，提高明挖隧道深基坑项目工程效益，加强施工安全防护是十分必要的。本节结合明挖隧道深基坑工程实例，探讨分析安全防护施工面临的风险，并提出有效的安全防护技术措施，希望能为类似工程建设提供借鉴。

一、明挖隧道深基坑开挖工程概述

明挖隧道深基坑工程建设中，为促进工程质量提升，应该把握工程特点，顺利完成工程建设任务，确保工程质量和效益。

（一）工程概况

某明挖隧道深基坑工程建设中，为全面加强质量控制，提高施工安全防护水平，施工前做好现场调查工作，全面掌握工程施工基本情况。经调查分析，该深基坑工程东西方向长54.6m，南北向宽度52.3m。且施工现场比较狭窄，明挖隧道深基坑开挖深度达9.8m，因而加强质量控制和安全防护是非常关键的内容。明挖隧道基坑南面和北面是宿舍楼，东面是广场，西面是市政道路。为保证该深基坑工程质量和效益，加强安全防护是十分重要的内容。

（二）工程特点

通常开挖深度大于或等于5m属于深基坑工程，该深基坑工程开挖深度9.8m。为确保施工安全，加强施工质量控制，开挖前要对周围的地质情况，地下水埋深，地下管线，周围建筑物等内容有全面了解。明挖隧道深基坑工程具有临时性、区域性和系统性等特征，应该对此进行综合全面考虑，促进项目工程建设水平提升，提高明挖隧道深基坑工程安全防护技术水平。

二、明挖隧道深基坑开挖安全防护的风险

安全防护是明挖隧道深基坑工程施工的重要内容，为施工单位重视和关注。具体来说，该明挖隧道深基坑工程安全防护面临以下风险。

（一）明挖隧道深基坑开挖质量问题

工程质量问题会影响明挖隧道深基坑施工效果，带来安全隐患。例如，明挖隧道深基坑开挖不到位，支护工作被忽视，导致深基坑稳定性不足，影响结构稳固性与可靠性，引发安全事故。一些施工人员忽视加强基坑质量控制，明挖隧道基坑结构较松散，为降低风险，施工中采用加大开挖量的方式来提高基坑稳固性。对周围土体和建筑物产生不利影响，降低结构稳固性与可靠性。

（二）明挖隧道深基坑开挖施工风险

明挖隧道深基坑施工受工程质量和外部结构影响，可能面临较大风险。例如，地质条件复杂、不良天气影响、地下水影响、施工机械故障、地质勘查不到位等，都会引发施工风险。一些施工人员责任心不强，现场管理人员忽视加强管理和监督，对存在的安全隐患没有及时排除，也会导致明挖隧道深基坑出现沉陷、坍塌等问题，制约安全管理水平提升。

（三）明挖隧道深基坑开挖返工风险

明挖隧道深基坑施工如果质量控制不到位，忽视安全管理，容易导致质量病害发生，需要返工。不仅延误施工进度，还增加施工成本，制约项目效益提升。在返工中也加大施工人员的风险，他们在明挖隧道深基坑返工中往往面临较大风险。如果超过合同规定期限，可能还要承担违约金，给项目工程建设带来不利影响，增加不必要的资金投入，甚至降低明挖隧道深基坑工程效益。

三、明挖隧道深基坑开挖的安全防护施工技术

为预防明挖隧道深基坑安全防护的不足，结合工程实际，促进安全防护水平提高，工程建设中从以下方面采取施工技术。

（一）提高明挖隧道深基坑施工质量

质量和安全是明挖隧道深基坑施工不可忽视的内容，应该加强管理控制。提高质量控制意识，确保明挖隧道深基坑工程质量，结合现场施工基本情况制定有效的明挖隧道深基坑施工方案，选用合理的工艺，制定科学的开挖方案，提高施工机械设备性能，加强材料质量控制。有效保障明挖隧道基坑稳固，提升安全管理水平。本工程施工中，对施工方案进行反复对比和研究，决定在工艺上采用加固措施，优化土层参数，确保明挖隧道深基坑施工质量，预防安全事故。

（二）健全明挖隧道深基坑安全管理制度

构建并严格落实安全管理制度，推动施工现场安全管理制度化和规范化，预防安全隐患，确保施工安全。施工前认真讨论，提高施工安全管理措施的针对性，施工中严格执行安全管理措施，明确工作人员职责和权限，让安全管理措施落实，取得更好的效益。本工程施工中，一旦围护结构出现冒砂涌水现象，则立即中断开挖作业，马上采取预防和控制措施。当支撑轴力超出警戒值时，也要停止开挖作业并加密支撑。保证结构稳固可靠，预防坍塌事故，确保施工现场秩序良好。

（三）利用现代化监测技术措施

明挖隧道深基坑现场施工中，工作人员精力有限，难以全面掌握工程质量状态。应该

采取有效的监测技术手段，及时跟踪并全面了解明挖隧道深基坑施工情况。采用现代化监测设备，布置测点，搜集相关数据资料，全面掌握施工现场基本情况。采用计算机等现代信息技术监测，做好分析工作，发现并及时整改存在的缺陷，提高明挖隧道深基坑施工安全管理水平。

（四）采取有效的深基坑支护措施

支护措施是多种多样的，施工中应该结合需要合理选择。综合考虑水文条件、周围环境、基坑形状、开挖深度、排水方式等内容，提高支护方案科学性。对支护结构强度、嵌入深度等参数进行验算，满足施工需要。本工程内撑用2道钢筋混凝土梁，围护采用钻孔灌注桩，保证支护效果，预防质量缺陷。

（五）重视明挖隧道深基坑降水工作

地下水是影响明挖隧道深基坑施工安全的重要因素，也是安全管理的重要内容。地下水位较高，降水措施不到位，容易导致明挖隧道深基坑塌方。应结合工程基本情况采取降水措施，常用措施包括疏干、明排、减压降水等。具体措施选用时结合工程基本情况合理选用，综合考虑明挖隧道深基坑区域内的水文条件、地下水补给、深基坑比水帷幕等，采用最为有效的降水措施。对明挖隧道深基坑周围场地采取硬化措施，将雨水顺利排出，避免雨水大量涌入基坑，防止基坑周围土体受雨水侵蚀，确保土体结构稳固可靠，预防安全事故。

（六）护明挖隧道深基坑周围的建筑

明挖隧道深基坑施工前，做好周围建筑物基本情况调查，了解周围建筑物是否存在裂缝、倾斜等问题，掌握周围建筑结构情况。采用绘制地图、拍摄照片等方式，详细搜集建筑物基本资料，制定有效方案，推动施工顺利进行。深基坑施工中结合现场情况，采取有效的预防和保护措施，防止周围建筑物沉降。

四、明挖隧道深基坑开挖的安全防护施工技术效果

（一）顺利完善开挖任务

严格落实安全防护技术，做好基坑支护工作，对明挖隧道深基坑施工情况监测。避免安全事故，保证明挖隧道深基坑现场施工顺利进行，促进项目工程建设任务有效完成。

（二）提高深基坑安全防护水平

项目工程建设中，建立并严格落实安全防护技术，明确工作人员职责。顺利完成工程建设任务，有效提升安全管理水平，为工程建设创造便利，得到施工单位和周围人们的好评。

（三）确保明挖隧道深基坑工程效益

施工单位和工作人员认真履行职责，严格执行安全防护技术，促进施工任务顺利完成，避免出现不必要损失。保障工程质量，防止安全事故发生，降低不必要损失，提高资金利用效率，提升项目工程效益。

明挖隧道深基坑施工中，安全防护是非常重要的内容。应该认识到存在的不足，结合工程情况，有针对性地采取安全防护技术。从而提高安全防护水平，预防安全事故发生，提高明挖隧道深基坑工程质量和效益。

第八章 基坑工程的水文地质勘探研究

第一节 基坑工程环境水文地质分析与评价

随着城市化进程的不断推进，越来越多的高层、超高层建筑拔地而起。日益加大的开挖深度和复杂的施工条件以及众多的工程事故使得人们不得不重视基坑问题。近年来，基坑工程呈现出开挖越来越深、工程地质条件和周围环境越来越复杂的趋势，同时由于基坑围护结构属临时性工程，人们不愿注入过多资金，更使得事故经常发生，对环境产生的负面影响也比较严重。

一、基坑工程的环境效应

（一）地下水位下降引起的地质环境效应

基坑开挖对地下水的处理有两条途径，包括基坑降水和基坑止水。为保证施工作业面的需要，对基坑直接进行坑内降水或坑外降水，或设置止水帷幕，隔断坑外地下水，形成水头差，锚杆施工可能发生漏水漏砂，均可发生水位下降。降低地下水引起的环境效应表现形式为：地面沉降、基坑坍塌、基土开裂。

（二）支护结构变形和位移引起的地质环境效应

支护结构的变形主要表现为水平和竖向变形，当基坑开挖较浅时，支护结构主要为水平变位，随着开挖深度的增加，土压力增大，支护结构变位逐渐回复，地表变形范围增大，最大变位量也增大，基坑深度再加深时，基坑应力释放量增大，往往会造成地下支护墙体向上变位，支护桩体的入土深度减少。支护结构发生变形和位移引起的环境效应表现形式为：基坑失稳、基坑隆起和邻近建筑设施破坏[1]。

（三）支护结构施工引起的地质环境效应

支护结构施工的过程，一方面是对基坑采取安全防护的过程，另一方面是对基坑侧壁和地质环境进行破坏的过程。支护结构施工引起的环境效应主要表现为：挤土效应、振动

---
[1] 包世泰.基于GIS的地质勘察信息模型研究及其应用[D].中国科学院研究生院（广州地球化学研究所），2004.

效应、环境化学效应。

（四）邻近建筑设施破坏

基坑开挖卸载，基底隆起，支护结构变形，基坑周围产生较大的塑性区，引起地面沉降；基底暴露时间过长，或基坑积水，使黏性土吸水体积增大，抗剪强度降低，回弹变形增大，由于黏性土的流变性，将增大被动压力区的土体位移和坑外土体向坑内的位移，引起支护结构位移，从而增加地表沉降；支护结构嵌入深度不足，引起基坑隆起，使地基土强度降低或丧失，支护结构位移，地面沉降开裂；基坑流沙和管涌在基坑外侧形成空洞，地面沉陷坍塌。地面沉降、开裂和坍塌导致基坑周边建筑物、管线和道路等设施的变形、位移或破坏。

二、基坑工程环境水文地质分析与评价

现阶段，我国的基坑环境水文地质分析与评价工作的内容，由于受到社会科学技术水平的制约，主要是运用钻探、静探等技术来进行对水文地质的研究与勘察，并且利用室内试验和抽水试验等方法对地下水的流向、流速等方面的因素来进行测定。这些方法虽然已经得到了一定程度的发展，但是还是存在一定的缺陷有待解决。

（一）对地下水的类型进行评定

对施工现场地下水的类型进行判定，是对地下水进行分析控制的前提条件，只有了解是何种类型的地下水，才能保证分析和评价的准确性，进而制定出科学合理的控制措施。对基坑工程施工现场的水文地质进行分析与评价的目的是具有特殊性的，这是由于基坑工程自身的特点所决定的，对含水层的划分也与其他的工程具有不同的标准。对于基坑工程来说，粉土层与砂层中的地下水是没有区别额定，都要作为含水层来对待。另外，对于灰色黏质粉土夹粉质黏土层也作为含水层或者是承压含水层来考虑。

（二）对地下水水文地质参数的测定

在整个基坑工程中，水文地质参数的测定是极其重要的，它不仅是岩土体中孔隙的性状和盈利状态的象征，同时还是对地下水渗流进行研究的重要标志。对水文参数的测定准确与否，将会直接影响对基坑工程环境水文地质的分析与评价，进而影响对地下水进行设计控制的合理性，是保证基坑工程的质量和稳定性的重要评定指标。

（三）多层含水层间水力的联系

基坑工程在对含水层进行分类和评定之后，就要对多层含水层间水力进行分析，因为多层含水层间的水力是影响基坑工程现场日后产生环境变迁和岩层运动的最直接因素，基坑工程质量和稳定性也更多地取决于多层含水层间水力的状况。因此，在对基坑工程环境水文地质进行分析与评价时，应该高度重视对多层含水层间水力联系的研究与分析，这不

仅是保证基坑工程制定出最佳的控制措施的有效途径，也是保证整个工程能够具有高质量和高稳定性的重要基础。

第二节　岩土工程中的基坑勘探技术

本节以某工程项目为实例，对岩土勘察任务、勘察方法、勘探点布置与勘探孔深度及地质、水文情况分析等内容进行了分析，着重探讨了基坑工程岩土勘察技术。

在基坑工程建设时，岩土工程勘察结果是基坑工程设计和施工的重要参考依据，也有利于避免基坑工程发生坍塌等安全事故。本节首先对基坑工程勘察的主要技术问题进行了分析，然后对基坑勘察方式进行了探究。

一、基坑工程岩土工程勘察目的

①对工程范围内的岩土特性以及空间分布规律进行勘察和分析，包括天然地基岩土、桩基压缩层深度范围内岩土、基坑岩土等等。②通过勘察工作，明确基坑工程各个土层的物理特性以及岩土承载力。③为基坑工程提供基础沉降计算所需参考数据。④通过勘察，得出基坑工程地质情况，结合拟建工程特性，合理确定基础形式、桩型、持力层等，然后再对单桩竖向承载力进行计算，合理估算桩基的沉降量，并对其对周边环境的影响进行分析和评价。⑤通过工程勘察，查明拟建工程的地下障碍物或者其他不良地质环境。⑥对地下水特征进行勘察，根据调查结果合理预估其对混凝土的腐蚀作用。⑦对基坑稳定性进行调查分析，通过研究基坑围护所需指标，合理预估在工程建设中是否可能发生管涌、突水等问题，结合实际情况确定具体的基坑开挖方案以及围护设计方案。

二、基坑工程岩土工程勘察技术

（一）勘察方法

目前，在基坑工程勘察中，常用的勘察方法有以下几种：地质调查、钻探取样、水土试验、原位测试等等。在基坑工程实际勘察中，必须结合工程实际情况选择具体的勘察方法，需要时还可以将各种勘察方法相结合。除此以外，还需要对基坑工程勘察量进行合理布置，这样才能保证基坑工程勘察工作的顺利进行，并且获得较为全面的勘察资料。

（二）勘探孔设置

基坑安全等级有一级、二级和三级，根据相关规定，针对一级和二级基坑，勘探孔的孔间距应该在20～35 m之间；而对于三级基坑，勘探孔的孔间距应该在30～50 m之间。如果基坑勘探孔揭露土层的变化比较明显，并且已经在一定程度上对基坑围护设计以及基坑施工方案造成影响,则应该对勘探孔进行适当的加密处理,并且将孔间距控制在10 m以上。通常情况下,地基工程勘探孔的深度应该控制在基坑开挖深度的2.5倍以上。

(三)原位测试

通过原位测试所得结果是对基坑工程勘察结果进行合理分析的重要前提。如果原位测试结果的准确性较低,则很难对勘察结果进行准确分析。与此同时,为了确保数据核算的准确性,必须科学确定数据的计算模式,并严格计算相关参数。基坑工程原位测试的复杂程度较高、技术难度较大,另外,在取样和样品制备过程中,不可避免的会有很多因素会对环境产生干扰,而这就会对测试结果的准确性造成不良影响。除此以外,岩土并不是均质体,因此样品的选择也会对测试结果产生影响。

(四)抽水试验

在很多基坑工程勘察中,往往只重视对地质条件的勘察,对于水文地质勘查却不够重视,在岩土工程勘察报告中,地质勘查数据十分详细,但是却缺乏明确的地下水文勘察数据,或者数据记录不科学。基坑工程设计不仅需要地质勘查数据,而且还需要准确的水文勘察数据,因此如果没有对地下水进行抽水试验,就会导致基坑工程设计缺乏参考依据,而在施工过程中,就不能采取有效措施降低承压水,最终导致基坑工程受到地下水的干扰,为建筑工程带来安全隐患。由此可见,抽水检测至关重要。

抽水试验指的是对基坑工程的地下水进行抽样检测,通过试验结果,能够明确基坑工程范围内地下水的实际情况。通常情况下,在抽水试验中,首先需要根据基坑大小布置1~2个试验小组,每个试验小组都包括抽水孔和观测孔。具体的试验步骤如下所示:①在抽水前,对静水位进行观察,并做好详细记录;②对动水位以及出水量进行观测,开始抽水试验,并且每隔一段时间就对水位的变化情况进行仔细观察,直至水位达到稳定状态;③抽水试验结束后,还需要对水位进行观察,直至水位达到稳定状态;④对抽水试验所得数据进行整理和分析,对抽水前、抽水中和抽水后的基坑工程地下水变化情况进行研究分析,根据分析结果绘制图表,并以此为依据及时发现地下水的异常变化情况,使得地下水勘察技术人员能够明确基坑工程地下水文资料,为工程设计和施工提供参考依据。

(五)施工监测

为了保证基坑工程、支护结构和主体结构的稳定性,还应该综合考虑基坑工程地质勘查、水文勘察结果以及基坑工程周围环境,对基坑工程施工进行监测。具体的施工监测内容有以下几点:基坑施工15.0 m范围内的地下管线和水平位移、基坑工程周边土体、地下水位和水压等等。

三、基坑工程岩土工程施工要点

（一）合理选择基坑工程桩基持力层

施工人员应该结合以往的施工经验，在桩基持力层方面，尽量选择稳定性强、土体物理性质较好的土层，包括硬土层、沙性土层等等，这样才能有效提高桩基承载力。

（二）合理确定基坑工程的桩型

在实际施工过程中，应该结合拟建工程的实际情况，合理选择基坑工程桩型，具体要求如下：①确保符合布桩对于桩基承载力以及桩基位移的控制要求；②结合实际情况，预估预制桩沉桩可行性，确保钻孔灌注桩能够充分发挥自身强度；③结合工程实际需要，坚持降低施工成本原则，合理选择桩身截面。

（三）优化基坑支护方案

通常情况下，在不同的基坑支护阶段，可以将基坑支护分为三个方面，分别为优化信息化施工、优化细节以及优化支护类型。在具体的优化过程中，应该综合考虑基坑支护目标以及支护的类型确定具体的优化方案。基坑支护的优化过程总共有3个步骤，分别是合理选择基坑的支护类型、对基坑支护细部进行优化以及对基坑工程施工进行信息化优化。

（四）优化基坑工程设计理念和质量管理

基坑工程岩土工程施工行政管理部门应该建立健全完善的管理机构，对基坑工程的设计方案进行严格审核。基坑设计工作人员必须不断提升职业素质和专业技术，并且加强基坑工程理论研究。另外，基坑工程能够技术人员还应该结合工程实际情况，积极转变传统的设计方法，建立健全信息反馈体系。

对于基坑工程，不仅需要对其地质条件进行勘察，而且还需要对水文地质条件进行勘察，避免地下水对工程建设产生的不良影响，保障基坑工程建设的顺利实施，提高工程质量。

第三节　深基坑的支护与岩土勘探技术

深基坑支护以及岩土的勘察工作是建筑施工的重要环节，本节从深基坑支护与岩土勘察技术的必要性出发，就具体的工程案例，分析了工程建设中深基坑的支护以及岩石勘察中存在的问题，总结了一些工程建设中深基坑支护技术和岩石勘察技术的实施策略，希望能够对施工企业提供一定的借鉴。

近些年，建筑业不断发展，楼层不断提升，对于高层建筑的施工建设而言，首要的是确保基坑具备较强的承载力，从而保证整个高层建筑的安全性和稳定性。基于此，必须重视深基坑的支护与岩石勘察技术研究。

一、深基坑支护以及岩土勘探的特性及必要性

（一）深基坑支护以及岩土勘探的特性分析

1.需要全面了解岩土工程条件

对于深基坑支护的实施操作来说，岩土工程条件是比较核心的一个方面，其能够直接影响到工程施工效果。因此，相关人员针对岩土工程相关地质条件和水文条件进行充分的关注，详细全面的了解这些岩土工程条件是极为必要的，尤其是对于设计工作以及施工方案的选择来说，具备着极强的价值和意义。

2.对于施工环境要求较高

对于深基坑支护实施操作来说，其对于外界环境的要求还是比较高的，这种高要求主要就是应该力求其环境条件符合相应的施工要求，这种施工要求主要就是对于外界环境中的相关地质条件而言的，尤其是对于水文地质结构来说，这种影响还是比较突出的。基于此，针对施工现场环境进行全面详细的分析也就显得极为关键，这种施工现场环境的分析主要就是指依靠地质勘查技术手段来对深基坑支护施工中需要关注的一些要点指标进行严格的分析和详细的勘察，进而也就能够确定其是否能够进行相应的深基坑支护施工建设，会不会在后续的施工中造成一定的麻烦。

3.有利于开展勘察工作

对于这种深基坑勘察工作来说，要想提升其最终的深基坑勘察效果，必须要事先进行相应的布置，只有保障勘察工作的布置得到较好的控制，才能够提升其最终的实施效果，这一点对于深基坑勘察工作来说是极为关键的。具体到勘察工作的布置中来说，其相对应的布置工作还必须要重点结合不同的勘察方式来进行相应的思考，不同勘察技术对于施工条件的要求是不一样的，其相对应的也就需要进行事前分析，做好布置工作。

（二）深基坑支护工程中勘察工作必要性分析

在岩土工程中，对于深基坑的施工，开挖是首要环节，但如果盲目开挖就会破坏原有的岩层，所以，在施工时要保证先进行勘察，利用勘察得到的结果再进行下一步施工，并做好支护，以达到预期安全目标。在深基坑施工中，影响因素有很多，由此可见必须对施工中的一些问题进行研究，并加以防范。这些问题包括，对于地质环境是否进行了必要的勘察；在基坑支护方案的选择中是否合理；对于地下水的处理是否有合理的预备方案；深基坑支护的质量是否能得以保证。从上文中可以看出，要想对深基坑进行施工，地质勘探是非常必要的工作，并且在勘探过程中，要保证数据的准确，该数据要为之后的施工提供必要的信息，并且指导各种方案的设计。总而言之，在深基坑支护工程中，对于岩土的勘

察是关键工作，不可忽略。

二、工程建设过程中深基坑支护以及岩土勘察技术存在的问题

（一）工程建筑过程中深基坑支护存在的问题

在工程建筑的深基坑支护技术中，所牵涉的范围面非常广，当前随着建筑工程中基坑深度的愈来愈深，深基坑支护施工存在以下方面的问题和缺陷：首先是深基坑支护施工的实际操作同实际施工设计存在较大的区别。譬如深基坑施工中深层搅拌桩的水泥渗量很难符合预期施工设计的目标。如果水泥渗量太少的话，会使得水泥土的支护强度减少，引发一系列的安全隐患。还有就是深基坑施工过程中出现大量的偷工减料的问题，为了降低深基坑支护变形情况的发生概率，因此深基坑工程设计过程中对于挖土程序有非常苛刻的标准，然而在实践的施工过程中，一些施工企业为了缩短工期，谋取更大的经济效益，往往没有按照施工设计图纸的要求进行开挖，结果给之后深基坑支护变形现象埋下隐患；其次边坡修理没有符合相关的标准，基坑周边土坡修理工作的质量在一定程度上制约了基坑支护施工的整体质量。假如没有充分地做好边坡的修理工作，那么在实际开挖过程中，基坑的深度就很难实现科学准确的测量，这样不断会直接影响工程施工的整体质量，同时也会延长工程的工期；最后在施工过程中注浆没有做到位，土钉无法实现满足预期设计的标准，一般情况下深基坑支护使用的土钉以及锚杆的钻孔直径都维持在 100～150cm 的范围，而钻孔的孔深范围也维持在 5～25m 范围内。因为钻孔所经过的土层质量存在一定的差异性，所以必须要严格的分析土质的特点，防止因为残渣堆积影响之后的注浆程序。

（二）工程建设中岩石勘察技术存在的主要问题

通常情况下，岩石勘察技术主要出现以下方面的问题和缺陷：首先岩石勘察机制的综合运用效果不显著，岩石勘察以及设计内容非常多样化，涵盖了地形地貌，施工现场周边的环境，信息的搜集，归纳等等相关内容。另外由于岩石勘察人员对于全新的勘察技术没有进行充分的了解，实践能力不足，使得岩石勘察机制的使用效果不显著；其次岩石勘察中信息技术以及专业软件的使用不充分，这大致表现在软件功能简单化，很难实现岩石勘察搜集数据的科学化整理和分析；最后岩石勘察中确定的看勘察点位置不科学，更改建设工程的勘察方案，就很难对建设工程施工地点的实际情况有充分的认识，这些都会对岩石的基本性质，鉴定存在较大的问题，影响相关的科学研究和实践操作。

三、工程建设中深基坑的支护与岩土勘察技术要点

（一）岩土勘察技术要点

1.地质测绘

地质测绘是岩土工程地质勘查工作中常用的勘察方法，其本质是应用地质工程地质相关理论，对地面的地质现象进行观察和描述，分析其性质和规律，推断地下地质情况，为勘探测试工作提供依据。在地形地貌和地质条件较复杂的场地，必须进行工程地质测绘，但对地形平坦、地质条件简单的狭小场地，则可采用调查代替工程地质测绘。工程地质测绘是认识场地工程地质条件最经济、最有效的方法，高质量的测绘工作能准确地推断地下地质情况，起到有效地指导其他勘察方法的作用。

2.勘探工程

勘探工程师岩土工程勘察的必要部分，为了解施工现场的地质情况，可采用勘探技术进行取样，进而实施原位测试和监测。应根据勘察目的及岩土的特性选择勘探方法，勘探工作有物探、钻探和坑探等方法。物探是一种间接的勘探手段，它的优点是较为简便、经济而迅速，能够及时解决工程地质测绘中难于推断而又急待了解的地下地质情况，所以常常与测绘工作配合使用。物探又可作为钻探和坑探的先行或辅助手段，但是物探成果往往具多解性，使用时往往受地形条件等的限制，需要用勘探工程来验证。钻探和坑探也称勘探工程，均是直接勘探手段，能可靠地了解地下地质情况，在岩土工程勘察中是必不可少的。

3.室内测试

在岩土工程勘察中，室内测试具有众多优点，如试验条件容易控制、可大量取样等。但也存在一些缺点，如试样及尺寸小不能反映客观结构和非均质性对岩土性质的影响、代表性差；试样不可能保持原状，而且有些岩石也很难取得原状试样；实际测试中还存在不按操作规程要求进行试验操作等问题。例如，对要求饱和的土试样，未按规范要求达到饱和时间进行测试；固结试验的压力值达不到上覆自重应力与附加应力之和的要求等，导致出现很多与现场矛盾的数据。因此，室内试验时应及时将送达的土样进行开样测试，严格按照操作规程要求进行试验操作。

（二）深基坑支护设计与施工

现阶段我国建筑工程深基坑支护方法多种多样。深基坑支护可分为悬臂式支护、混合式支护、重力式挡土结构。支挡型支护结包括桩排支挡结构、土钉支护结构以及地下连续墙等，加固型支护结构有水泥搅拌加固结构等。具体深基坑建筑工程，通过地质勘查工作，并结合建筑特点，选择最为合适的支护方式，以提高工程的安全性和稳定性。

以土钉墙支护设计与施工为例，在建筑工程基坑施工中，土钉墙支护是一种常见的支护结构。该支护结构是一种原位土体加固技术，它是将土钉打入基坑边坡土体内，将土体

加固成稳固的土体结构。土钉是打入现场原位土体中的细长杆件，土钉相互之间的距离较短，通常一段原位土体里，土钉排列比较密集。在土钉外部喷射水泥砂浆，继而形成一个天然的土钉墙，使土钉墙和原位土体结合地更加紧密，形同一体。这种方法大大保证了基坑边坡稳定性和安全性，有助于提高基坑工程的整体施工质量。土钉墙支护技术一般适用于下水位以上或者经过排水措施后的素填土、普通黏性土、黏性的沙土和粉土等比较均匀的土体边坡，不适用于含水丰富的粉细沙层、砂砾卵石层和淤泥土层，不应该用于有临时自稳能力的淤泥和饱和软弱土层等。其施工技术如下：

1.测量放样

土钉墙基坑支护的工程测量已经和建筑工程的施工现场同时勘察进行，根据建筑基础开挖的深度、施工现场的地质条件和环境条件确定是否使用土钉墙基坑支护结构技术。

2.基坑开挖

土体开挖之前要做好分层挖开的施工方案工作。如果基坑过深，应分层次的进行多次开挖。另外，应该在基坑施工工程的四周挖一条积水沟和与之相应的排水坑，每一层开挖都应该做到将积水沟和排水坑相连，并且将积水沟和排水坑用砖砌和砂浆抹面以防止渗漏，同时可将工程积水抽出基坑工程以外，减少大雨天气对基坑工程的不良影响。

3.打土钉孔

按照基坑施工的图纸，确定土钉墙的位置，要采用专用的钻孔机械成孔，严禁使用水钻，以防周边土质松化，成孔后及时安设土钉防止坍塌。土钉钢筋制作应该按照设计要求提前做好，使用之前应该对土钉钢筋进行调直并且去锈除污。在钉孔过程中，要确保土钉被安插在图纸所示的位置上，确保工程的精确性。注浆在该在孔口外设置止浆塞兵旋紧，使其与孔壁紧密贴合。由止浆塞上将注浆管插入注浆口，深入至孔底 0.5～1.0m 处。注浆管连接注浆泵，边注浆变向孔后方向拔出，直至注浆完成为止。为保证水泥砂浆的水灰比在 0.4～0.5 范围内，注浆压力保持在 0.4～0.6MPa，当压力不足时，从补压管口补充压力。注浆之前应该将孔内残留或者松动的杂土清除干净，注浆开始或者中途停止超过 30min 时，应该用水或者稀水泥浆润滑注浆水泵及输送管，抽出注浆管时，应该尽量使用匀速抽出，防止水泥浆脱节造成的浆液不够饱满。

4.土钉墙支护结构的监测

在土钉支护施工完成后，为防止其产生变形、沉陷等问题，应对其进行监测。选择的监测地点，每个点之间的距离应该小于 20m，支护工程的每边监测点应该大于 3 个。采用一起监测和人为主动的巡查监测相结合的监测方法，确保能观察到监测对象的实际状态和变化趋势，在重点监测部位，监测点可以适当地布置多一点。

四、深基坑支护中岩土勘察技术的结合

在工程建设中,深基坑支护技术与岩土工程勘察技术是必不可少的部分,在实际工程施工中,应注意将两者结合起来,以提高工程的安全性和稳定性,具体注意要点如下:①深基坑支护设计以岩土工程勘察为基础,而岩土工程勘察也受到深基坑支护的影响,两者是密不可分的,就在工程建设中将两者结合起来,可节约资源、降低风险;②随着技术的进步,岩土工程勘察技术也不断得到更新发展,且将信息技术、计算机技术等融入其中,实现了岩土工程勘察数据与深基坑支护设计数据的共享和交互,因此,在支护设计中,应加强对先进勘察技术的应用,以提高设计的科学性和合理性;③在深基坑支护设计过程中,应根据工程特点选择合理的勘察方法,必要时,可根据工程特征对勘察技术做一些更改,使其更具有适应性,例如:在工程建设中,为了提高工程的经济效益往往采用静态探测的勘察方法对岩层进行检测,但这一方法在土质松软的地质结构中比较适用,而在其他地质结构中则不能很好地反映岩层本质,因此,要求结合工程特点来选择是否使用静态勘察技术,而不能因为经济利益,忽略勘察数据的准确性。

综上所述,在工程建设中,深基坑支护设计以及岩土勘察技术发挥着十分重要的作用。在实际工程施工中,应将两者应结合起来,充分发挥岩土工程勘察的作用,为深基坑支护设计提供重要的基础,以提高工程的稳定性和安全性。今后,也应加强对这两者的研究,以不断促进技术的进步[1]。

第四节 复杂地质条件下的深基坑降水技术

随着我们的祖国不断强盛,人们更加富强,在很多的复杂地质情况之下都进行了很多的建筑,在这样的情况之下,需要非常完善的建筑施工技术。在本节之中将会对于复杂地质条件下的深基坑降水技术进行全面的分析,希望能够给予大家一些简单的思考。

近些年里,我国的城市化步伐不断加快,城市密集的现象也越来越突出。这固然有利于经济的发展和缓解日益严重的人口问题,但是也加重了城市中人口与资源的压力,在这种压力下,城市中建筑不断涌现,建筑的高度越高,为了提高整体建筑的稳定性,其地基必然越深。而这便对地基工程提出了较高要求。

一、深基坑降水技术的含义与特点

在我国的地质条件复杂多变的情况之下,对建筑技术的要求也在不断加深,深基坑降水技术作为地基施工中的一项重要技术,其在整体建筑施工中所起的作用是不言而喻的。作为地基施工中广泛应用的深基坑降水技术,则是后期工程和建筑稳定性的保障。一旦这

---

[1] 黄岑丽. 潞安矿区煤炭开采对地质环境影响的研究 [D]. 中国矿业大学(北京),2013.

项技术出现了问题，造成的不仅仅是工程的失败和高额的经济损失，最为严重的是很有可能会出现人身事故。一般而言，深基坑降水技术是一项为了使地下结构施工能够顺利地进行，不延误工期，并且在一定程度上保证深基坑周围环境的安全，避免因地基不稳而发生坍塌事故，采用管井或者是多种井点的降水方案，为了使这项技术更为有效，一般还会对周边环境实施加固与保障的措施。

二、深基坑降水技术的基本要求

（1）深基坑降水技术应在整体上采用先进的技术条件，符合当今的时代要求，并且采用较为简单的结构，最大限度上降低工程的成本，达到较为良好的经济效益，取得预期的工程成果。而且，深基坑降水技术应符合力学的条件和要求，实现受力的基本稳定和可靠，并在此条件下实现进一步的加强效果，这项技术的制定还应在理论上具有可行的意义，真正做到整个深基坑降水体系能够大体上实现一定的挡土，支撑和保护的作用，确保整个基坑四周能够获得一定的稳定性，并与建筑工程标准相符。

（2）保障基坑四周各种建筑物的安全，以及各种地下线路不受破坏。在地基工程施工期间，应对施工的土体进行合理的支撑，避免因土体的松动而使周围的建筑以及道路得到破坏，给人员的流动带来不便。

（3）深基坑降水技术应建立在不影响地下水位的标准上进行，在施工期间，施工人员应采取各种措施，例如排水等措施，使工程在地下水位以上运行，这样做的目的是使整个深基坑降水技术能够符合科学发展观的要求，实现人与自然共同发展，不能因为经济的发展而不顾环境的影响，而给环境造成巨大破坏。

（4）整个工程的运行应确保在经济上合理，最大限度上缩短工期，同时在保证工期的条件下，保障工程的质量，取得预期的经济效益并保证施工安全。

三、当今深基坑降水技术存在的主要问题

由于当今的深基坑降水技术应用的较为普遍，施工人员虽然在极力避免这项技术在施工中所带来的环境以及其他一些问题。但是，还是会出现一些人力所无法避免的问题。不仅如此，由于深基坑降水技术在我国的发展还不是很完善，起步较晚，无论是在理论上还是在实践上都存在着不小的问题：

（1）施工的质量问题，在我国，总有许多的施工单位为了个人牟利，而偷工减料，不管不顾工程的建筑，或者采取基坑一次性开挖到底的方式，而这样做的后果往往就是导致地下水渗漏，或者基坑破裂，造成严重的工程事故。必要时还会导致返工。给社会带来严重的负面影响。更多的是，许多的施工单位缺乏在深基坑降水技术方面的人才而对整体施工带来不小的难度。

（2）基坑的设计问题，根据前面所述，由于基坑的深度不断加大，施工难度随之加强，

在施工的前期计算中,经常会由于计算人员的失误而使降水结构中的力学方面参数与理论不符,这就会给后期的施工带来不小的影响。为了避免此类问题,就需要施工人员对施工参数进行仔细的运算,必要时可以使用电脑辅助计算来加强精度。

(3)基坑检测问题,目前,国内许多施工单位和建设单位对基坑的检测性认识不足,认为只要建造好了就行,是否检测是没有多大意义的,这种认识是完全错误的。监测单位理应配备工程监测资质高的人员对基坑的质量进行严格的监测。尽量做到使监测工作到位,及时发现有关质量问题,做到早发现,早处理,避免施工后期出现重大的质量和安全事故。

(4)基坑勘察问题,同基坑监测一样,对基坑进行勘察也是施工中不可缺少的一个重大环节。然而,目前的基坑勘察也存在着诸多问题,其中最为主要的就是,勘察的工程在许多时候不能满足工程的标准和设计要求,取得的土样难以反映当地的土质情况[1]。

四、对深基坑降水技术在地基施工中的应用提出的建议

针对目前深基坑降水技术在地基施工中存在的种种问题,笔者特此提出以下几点建议来提高工程质量:

(一)加强对地表水的控制

加强对地表水的控制是保证施工能够高效合理运行的必要手段之一,施工人员在进行对深基坑降水技术的设计方案时,应事先对周围的环境进行勘测,以免破坏地下管道给施工带来不必要的麻烦。其次,为了避免地表水渗入到坑壁主体中,施工人员应利用混凝土对坑壁进行加固加强,必要的话,可设置简易的排水系统以加强基坑的排水功能。

(二)加强监测和合理设置坑壁

正如前面所说,对坑壁进行监测是十分重要的,另外,施工单位还应对坑壁的形式进行合理的设置,这其中最主要的就是根据当地水文条件和施工规范的不同,合理设置坑壁的降水等级。

综上所述,从复杂的地质条件出发,对于深基坑的降水技术进行一定的探讨,并且对于其中存在的问题提出相应的解决方法,有利于深基坑施工的顺利进行。

第五节 BIM 信息可视化技术在基坑工程中的应用

BIM 信息可视化技术是采用三维数字表达技术设计的建筑信息模型,这种模型具有信息的完整性、准确性与清晰性等特点。目前在我国高层建筑成为建筑工程行业发展方向的背景下,基坑工程是建筑工程项目开展的基础工作。本节针对 BIM 信息可视化技术在基

---

[1] 尚慧.宁夏矿山地质环境评价与动态监测分析[D].长安大学,2013.

坑工程的应用进行研究，旨在提高基坑工程的施工质量。

目前，我国的高层建筑工程事业蓬勃发展，其中基坑工程质量影响着高层建筑工程的安全性与稳定性，传统的二维设计方法存在着不少缺陷。随着 BIM 信息可视化技术的推广，运用三维数字表达技术将基坑工程的设计得到完善，把基坑工程设计的文字图片内容转化为立体模型，并在基坑工程施工过程中提升工程质量，减少失误。

一、BIM 技术的内容

目前，BIM 在相关的词语定义没有明确的解释，一般称作建筑信息模型或者建筑信息管理。但是总体来讲，都是基于建筑工程项目的各项信息数据，运用信息技术设计三维建筑模型，运用数字化手段将建筑物各项工程建设环节的真实信息表现出来。

BIM 有以下五个方面的特点：一是可视化特点。BIM 技术同 CAD 图纸相比，内容更加直观具体，没有图纸的抽象内容，并且构造形式的表达内容更加立体化，使没有受过专业培训的工作人员也能明白工程构造内容，从模型中了解到材料、造价等方面的有效信息；二是协调性特点。建筑工程项目设计关系到多方面工作环节，但是相关的设计人员在设计所属工作环节的工程图纸时，没有做好同其他工作环节的沟通工作，容易同其他工作环节发生冲突。例如管线与墙面发生碰撞等。通过 BIM 技术，在设计过程中可以将各环节的因素统一纳入设计，查找容易发生冲突的工程环节，做好模型与设计图纸的修改；三是模拟性特点。BIM 技术除了可以在设计阶段模拟建筑工程的构造、环境、施工等工作环节之外，还能针对工程存在的节能、人流等方面进行模拟设计。另外，加上时间因素进行工程建设的模拟推演。确定合适的施工方法。四是优化性特点。工程项目的各项环节在施工过程中不断优化并完善。目前高层建筑的建设高度越来越高，仅靠原有的图纸设计是无法完成项目施工的，因此必须综合运用信息技术进行设计。在工程项目的设计过程中，结合 BIM 技术将施工设计方案内容有效优化，及时修改设计方案。同时结合工程设计与成本，了解工程项目的实际造价情况。五是可出图性特点。BIM 的模型具有信息一致性，如果对楼层某个平面进行修改，也改变了其他视图的信息，从而避免出现设计内容重复修改与信息内容不匹配的问题。设计优化之后除了可出建筑工程的平面图、立面图与剖面图之外，还能给出工程的综合管线图、工程明细表等其他内容，方便工作人员直接指导各环节工作，避免出现由于各工作环节设计人员没有及时沟通而产生的失误。

二、BIM 信息可视化技术在基坑工程中的应用

（一）在基坑工程进度管理中的应用

采用 3D 模型技术将基坑工程的设计图纸直接调整为 3D 可视化模型。针对工程进展、存在的问题、关键工序、各工程环节的衔接情况等方面的内容，形成直观了解，以此提高

项目工程的效率。

在基坑工程进行项目设计的过程中，通过BIM设计模型将工程的信息进行统筹规划，例如基坑的支护、周边环境等，基坑的平面图、立面图、剖面图的模型也可以设计并指导施工建设。基层模型在设计过程中避免了图纸设计存在的缺陷，如支护安置与设计图纸内容不一致等问题，避免因图纸失误产生设计重新调整并延误工期的情况。

传统的基坑工程施工方案设计只能依靠设计人员所谓的经验来制定，具有多方面的缺陷，无法确定最优的施工方案以及及时发现存在的问题。BIM技术将施工方案的内容进行全方面、多角度的可行性分析，施工的全过程要进行指导、追踪、观察，按照工程实际变化及时优化施工方案，提升施工方案的合理性。

同时，BIM技术针对施工现场的机械设备安放、场地的划分等进行模拟与分析，利用可视化的环境寻找合理的施工现场布置，不仅避免了项目工程各项技术环节发生工作冲突，同时还能有效解决施工现场材料堆放、加工、物料运输混乱等问题，这样既提高了工程的施工效率，又避免了因为现场材料混乱问题造成的环境污染。

（二）在基坑工程质量管理中的应用

BIM模型的创建，可以将设计图纸中存在的问题在工程施工之前查找出来，从而有效提高设计图纸的质量与合理性，避免在施工过程中才发现设计错误的问题，使工程被迫返工。另外，传统的基坑设计图纸内容较多并且图纸内容相对独立，如平面图、立面图、剖面图等，必须由专业人员进行图纸的统筹与分析。随着3D技术的推广应用，可有效地将基坑工程的平面图、立面图、剖面图等内容自动生成并有效整合，并在某一模型发生变化的情况下，其他方面内容也会自动调整，这样既可以减少设计人员的工作量，也可避免设计出现失误的问题。

目前，随着科技的发展，基坑工程的施工技术也发生了新的变化，如何将新技术、新材料应用到基坑工程的施工设计中，来有效提升基坑工程的施工质量。采用BIM可视化技术将这些新的变化纳入进BIM系统当中，可以使各环节工作人员在施工过程中了解这些新变化，并提供技术方面的支持。

（三）在基坑工程成本管理中的应用

目前在基坑工程的成本管理方面，相关建筑企业成本控制管理存在不精细的问题，在成本计算中只有施工的预算与结算数据，没有统计相关的成本控制，导致工程施工成本上涨乃至亏损。BIM模式纳入了基坑工程的所有构件经济成本信息，财务人员可通过信息内容来对构件成本进行核算。

另外基坑在施工过程中容易出现各工作环节交叉施工的问题，缺乏沟通机制，导致出现工程返工进而增加建设成本。BIM信息可视化技术通过推演模拟寻找合理的施工顺序，避免上述情况的出现，因此有效避免了资源的浪费，控制了工程的建设成本。

（四）在基坑工程安全管理的应用

工程施工的安全管理工作关系着工程的施工质量与进度。运用 BIM 可视化技术将各种安全事故进行模拟推演，了解事故的危险性，根据模拟结果制定工程安全管理的有效措施，可设计在发生意外事故的情况下安全逃生的路线，避免出现重大损失与人员伤亡情况。

此外，BIM 可视化技术除了做好安全事故的预防设计外，还能提升施工工艺与标准的安全性。通过模拟影像将相关安全生产与现场逃生进行展示，提升了现场工作人员的逃生技能。

三、BIM 信息可视化技术在实际项目中的应用

（一）项目案例

以东北某市广场建设项目为例，该项目整体呈现长方形，四周都是市政道路，项目工程地下有排水管、燃气管、电缆等多种管线。建筑高度达 188 米，有 3 层地下室，项目的基坑开挖深度大约在 20 米，基坑周长为 274 米，安全等级为一级。

（二）设计方案

首先，采用 BIM 软件设计三维基坑的模型，根据基坑开挖的情况确定建模范围，设计好维护结构与支护结构的范围，要考虑基坑模型的最终结果，做好模型内容颜色的合理布局。设计方案要考虑到周边环境与基坑位置的关系，通过模型可以清楚地看到基坑内部有不利于支护安装的位置，通过设计调整来完善基坑内部支护安装方案。同时，模型也能清楚地展示支护支撑的布置与基坑坡道的结构关系。

（三）施工模拟

基坑的土方开挖要采用先分层，后分区段的综合方式的原则，避免出现超挖的情况，要制定好相关的安全预案。

方案设定之后先建立施工项目的模型，在基于支护结构与坡道的基础上，将坑内的土方模型进行补充。生成施工模型后，再把坑内模型进行开挖模拟，采用逆向开挖方式从第四层挖到第一层。由于本基坑项目的整体呈现为正四方形，我们可以运用"田"字形的形式进行基坑划分，分为 4 块土方，每块土方都要进行标号命名，方便开挖工作有序进展。另外，为了有效展示土方的开挖过程，每块每层的土方都必须采用不同的颜色。

以施工日程为单位，将项目工程内容生成模拟动画，首先将基坑的土方建立一项工程任务，支护与开挖土方另外建立一项任务。根据施工进度表将任务与施工模型进行有效对接，设定好指定程序。土方任务可以"开挖"来进行命名，其他任务以"构建"来命名。然后点击"模拟"导出施工模拟推演动画。

BIM 信息可视化技术在基坑工程的设计方案既可以清楚地表达基坑工程各项环节工作

中的难点，也方便施工人员直接了解工程的设计内容与施工技巧。BIM 信息可视化技术的应用不仅能有效协调各环节工作，避免施工出现工作冲突，同时，施工模拟还能更早地发现施工过程中存在的问题，从而及时优化调整设计，提升基坑工程的施工质量。

第六节　BIM 技术在基坑监测中的应用

基坑监测技术作为基坑工程中保证安全性的最重要环节之一，在基坑施工全过程中，全面熟悉工况、对基坑支护结构及周围环境的系统把控，保证了基坑工程的安全性。BIM 技术在基坑监测中的信息化与可视化应用使得基坑支护安全性与基坑监测效率都得到提升，同时能够有效减少人工误判或漏判的情况。本节分析了现阶段实际工程中基坑监测技术的应用及其重要程度，本节主要基于 BIM 的基坑物联网实时监测及 web 共享平台技术应用于基坑工程进行分析，说明在基坑工程中应用 BIM 技术的优势与未来趋势。

一、基坑监测与 BIM 技术的重要性

（一）基坑监测技术

基坑监测对于基坑工程施工来说是必不可少的环节，其指的是在地下工程施工及基坑开挖过程中，对基坑支护结构、岩土体周围环境和变位条件的改变，进行各种监测和分析工作，且将监测结果及时反馈，预测下一步施工将引起的稳定状态和变形的发展，根据预测判定施工对周围环境造成影响的程度，来指导设计与施工，实现所谓信息化施工。

（二）BIM 的功能

在基坑监测中工程中结合运用 BIM 技术，可以提高工程施工的可视化程度，让操作人员更加直观地了解整个工程，提高工程效率，使工程管理更加精细，减少现场返工，节约成本。BIM 还有场景漫游、施工模拟、实时监控、空间量测、分析报警、历史数据查询等功能。

（1）场景漫游。自定义路径并以飞行的第一人称视角在三维场景中进行漫游浏览，系统、直观地看清整个工程，了解空间位置情况。

（2）施工模拟。通过多平台协作，模拟基坑结构变形、周边地面沉降情况、地下管线沉降、周边建筑物的沉降倾斜等监测数据并进行应用仿真。

（3）实时监控。根据实际需要，可以实时查看地面、地下作业面的相关情况。

（4）空间量测。提供面积、长度、空间长度，获取坐标输出标高，并根据需要提供地面沉降量的统计等功能。

（5）分析报警。对监测的变形数据进行分析，当监测数据达到某一警戒值时，立即

发出警报。

（6）历史数据查询。将结构变形、管线变形、周边地面沉降形态、周边重要建筑物的沉降倾斜等监测数据沿时间轴展现出来，人们可以快速方便地查看任意时间、地点的信息数据。

二、实际应用

（一）建立模型

将基坑监测点布置图纸导入 Revit 软件，利用场地模块、透明覆盖及体量功能建立基坑模型，再利用自建族功能做出支护构件。

（二）web 平台

通过网页的自主研究，成功开发出一个内部专用的 WEB 数据共享平台，该平台设有项目中心、BIM 智慧工地、进度管理、安全管理等功能。

传统形式下的基坑监测技术通常以人工抄录数据配合二维曲线或图像的形式来展现基坑支护结构变形趋势，变形情况不能整体直观地展现。由于以上原因，我们将 BIM 技术应用于基坑监测工程后，通过将基坑的四维模型（三维模型＋时间轴）上传至 WEB 共享平台，再将现场实时监控画面链接进入 WEB 共享平台，以及通过自动化监测技术实时采集的监测数据上传至 WEB 平台。业主单位、监理单位、工程师及施工方均能第一时间通过 WEB 共享平台直接得到直观的基坑监测信息，从而大幅加强相关人员对基坑支护结构的现场情况做出有效判断的效率。

三、应用 BIM 的优势

（1）可视化程度高。通过 REVIT 与三维地质模型可以直观形象地展示出基坑的地质情况及支护变形情况。不仅是在基坑监测过程中，甚至在设计阶段、全过程施工阶段及竣工验收等阶段，高可视化程度均可充分发挥作用。

（2）信息化程度高。通过三维模型可以随时调取任意地质及支护构件的全部信息，一旦出现监测预警，可以在更快时间得到现场信息，可以更为快速有效的做出判断及得出处理方案。

（3）提升组织协调性。通过 WEB 共享平台，建设全工程所有参与方均可第一时间获得第一手现场资料，避免了层层上报、多方沟通的麻烦，同时，也能有效遏制工程中出现的贪污腐败、欺上瞒下的行为。

基坑监测是基坑的开挖中安全保证的必要措施，近年来随着我国城市化道路进程的不断深化，目前社会对于超高层或高层建筑物及地下公共交通的需求不断加大，从而对深基坑工程的深度、规模、质量以及安全要求也在不断提高，随之带来的便是基坑监测技术的不断优化与发展，而BIM技术凭借着它信息完备、信息关联、信息一致性、可视化、协调性、模拟性、优化性和可出图等优势，已经得到了全球工程建设领域的一致认可，在建筑业中得到了广泛关注与应用。BIM技术在基坑监测中的应用研究将更加有效地增强基坑支护的安全性。

第九章 深基坑开挖及支护工程的实践应用研究

第一节 深基坑支护技术研究与工程应用

本节对深基坑支护技术进行深度的分析与探讨，结合深基坑技术的应用，包括深基坑支护技术的类别、方式等，通过研究深基坑支护存在的问题，更好地把控深基坑施工的稳定性，提高工程的质量、进度及安全性。

随着经济的迅速发展，高层建筑层出不穷，对深基坑施工的要求随之提高，因为深基坑施工是一项非常复杂、具有一定危险性的施工方式，施工时要严格按照规范设计要求进行。各个相关部门要做好紧密的配合，发现问题应及时反馈纠正，施工单位要对深基坑技术加以重视，制定详细施工方案和施工组织架构，以保证施工中的质量、安全问题。

一、深基坑支护技术的特性

深基坑施工本身是一件比较困难、复杂的事情，对于深基坑技术的要求也非常高，所以深基坑支护技术也具备很多特性。在深基坑施工过程中，为了确保上层结构的稳定性，需要将深基坑挖掘到地下很深的地方，特别是现代楼层越来越高，相对应的地下结构深度也在增加，这就对基坑的深度有较高的要求，需要有很大的承载能力，所以未来基坑施工中，基坑的深度将会越来越深。

基坑施工也会受到很多外界环境的影响，具有很强的不可抗性。施工现场周围人口较多，人员的流动、密集性，会给施工带来很大的不便。同样，环境、天气对施工的进度有着很大的影响，雷雨天气、冬季温度达到零下时都要停止施工，这样不仅会拖后工期，也会对施工人员的流动性造成很大的影响。在运输回填土时，交通路况是否便利、车辆是否能够流畅通行等都会对施工进度造成影响。

在施工前期，需对施工现场的地质地貌进行勘察，检测位置是否符合开挖标准，勘查中会遇到很多的问题，有些地质的沙石含量、土壤的孔隙度等并不一定符合标准，如贸然开挖，会对之后施工带来很大的安全隐患，另外如果施工现场在河边或者海边的话，土质会很松软，极易出现渗水的现象，不易开挖。深基坑施工具有很强的不可抗性和不稳定性，所以对于前期的勘探和检查要求也是极高的。总之，深基坑施工具有很强的特性，所以不管是前期的准备还是中期的施工都要认真做好准备和方案。

二、深基坑支护技术的应用

（一）深基坑支护技术措施

1.施工前的准备工作

在施工前，对地形的考察及勘探是非常重要的，位置的选择将直接影响到未来施工的安全，设计人员应严格按照规范要求对选定的施工现场进行严密检查及测量，对施工现场进行非常详细的了解并记录，把未来会影响到深基坑施工的全部因素考虑周全，如发现问题应及时上报并制订详细的解决计划。施工单位在施工前应制定详细的施工方案及施工组织框架，对于现场要有专职的安全员和技术员并持证上岗，要求所有的现场施工人员包括项目经理要对图纸有足够的了解，和设计人员有良好的沟通配合，施工中如出现图纸不能满足现场施工要求时，应及时上报，对问题进行详细分析后，核实准确，及时做出设计变更方可进行施工。基坑施工用到的所有材料都要严格按照规范要求进场，进场前施工单位专职材料员、技术员应对其进行严格的检查，包括进场材料的型号、类别等，如发现问题及时上报予以解决。

2.施工过程中的注意事项

施工时，根据不同的地形地貌和外界因素选择合适的深基坑支护方式，选择恰当的支护方式可以有效地提高施工效率，缩短施工周期。选择好支护方式后，要严格地把控施工质量，对已出现和将要出现的问题进行整改分析，更好地完善施工质量。而且各部门应在施工中吸取经验及教训，对深基坑技术进行深度的研究和探讨，不断完善技术方案并引进更好的技术，这样不仅可以提高工程的安全性，也能使工程质量有较大的改进，所以做好深基坑技术的创新完善，是目前深基坑施工的重中之重。另外，深基坑施工是一项非常困难和复杂的施工技术，在施工中应充分考虑对周边环境的影响，各部门做好环境保护工作。同时深基坑施工也是一项非常危险的项目，为保证现场安全，所有进入施工现场的人员都必须佩戴安全帽，对于没有执行者予以罚款处理，施工人员在施工前都应进行安全三级教育并发放证件，现场要配备专职的安全员进行巡查，保证施工现场的安全是最重要的一件事情，安全第一、质量、进度并存。

（二）深基坑支护方式

目前，深基坑支护技术有很多种方式，应根据不同的环境及现场进行选择合适恰当的支护方式。

（1）土钉墙施工技术，现在大部分工程应用的基本都是这种技术，因为此技术相对来说比较容易，耗资量比较小，施工的整个过程相对来说不是很复杂，在使用该技术时，应注意排水位置的选择及排水系统的设置，加强基坑的排水能力，在灌浆过程中，控制好用量及速度，这样可以保证施工质量。

（2）地下墙的支护也是深基坑支护的一种有效方式，通过挖槽灌浆进行支护，应注意几点问题。第一，合理的选择和配置好泥浆，这样不仅可以减少资金投入同时也可提升效率。第二，在特殊位置施工前，施工现场技术人员应制定详细的施工方案并严格按照规范施工，避免给接下来的工序带来不便。第三，现场的技术人员应在浇筑泥浆时，掌握并控制好浇筑量，观察导管的变动趋势，合理地进行分析及指导，出现问题时及时解决和上报。

（3）组合型支护，这种支护方式在地形地貌比较复杂、周围环境影响比较大的施工条件中尤为适用，目前这种支护方式广为各个施工现场适用，不仅提高施工质量，而且也有效地提高了施工效率。

三、深基坑支护的问题及解决方法

（一）深基坑支护存在的问题

第一，目前很多施工单位没有考虑到基坑的开挖深度，对深基坑技术应用时，没有很合理考虑到其具有的特性，这对未来的施工将会造成很大的影响，同时也会降低施工质量。第二，深基坑技术可以有效地保证深基坑施工时的安全，但对于其承重能力不能做出精确的计算，所以选定施工现场后，要对现场情况、土壤的质量等进行精确的计算并出具报告，保证所作出的支护结构有很高的承受能力。第三，在施工时，由于地形地貌非常的复杂，很多时候施工人员不能很好地了解设计方案，这就要求设计人员在出设计方案时要对图纸及方案进行注解，使施工人员可以清晰明了的了解施工情况。施工人员不应根据自己的想法肆意施工，应严格按照规范要求进行施工，现场监理人员与技术人员应对施工质量进行严格的把控。

（二）解决方法

第一，现场技术人员应制定一套完备的施工方案。因为深基坑施工很容易受到外界的影响，所以各施工单位应有一套应急预案，以便出现问题时不至于手足无措。第二，选择合理有效的支护方式，这样可以提高施工效率，缩短施工周期。第三，在施工中，对周围的地形地貌进行实时监测，这样不仅可以有效地了解周围及现场地形地貌的变化，而且还都能及时发现问题，当监测数据出现变化幅度较大时，可以迅速地启动应急预案，并采取有效的措施。

综上所述，深基坑支护技术将直接影响到深基坑施工的实效性，未来将是施工单位、设计单位等相关部门非常关注的一个问题，深基坑技术的应用，对于提高深基坑施工的稳定性有着非常重要的意义，所以对于深基坑支护方式要进行不断的探讨与研究，通过思考深基坑支护存在的问题，不仅加强了施工质量，也提高了施工的可靠性和稳定性。

第二节　钢板桩支护在深基坑开挖中的应用

近年来，在深基坑开挖中，施工区域经常受到周边建筑物的影响，其影响因素主要有开挖边坡坡比、基坑降水、边坡稳定。本节以张家港四干河闸站改建工程施工为实例，对类似的工程情况进行了分析，介绍了钢板桩支护在深基坑开挖中的具体应用。

一、工程概况

张家港市四干河闸站改建工程位于张家港市东北部四干河与长江交汇处，距离老四干河闸约400m。四干河闸站改建工程包括四干河泵站、四干河节制闸、配套管理所等建筑物。节制闸、泵站采用平行布置的方式。节制闸布置于四干河主河道位置，泵站布置于河道北侧。两建筑物之间设置导流墙，建筑物上下游侧设置翼墙与引河相连接。泵站中心与节制闸中心距离为33.1m，两建筑物之间设置导流墙，其长度70.0m，最宽处7.15m，建筑物上下游侧设置翼墙与引河相连接。

工程场地位于扬子准地台下扬子—钱塘沉降带的江阴—砺山隆起的东南部，基底由中-下泥盆系茅山群杂色砂岩组成，上覆第四系黏性土、砂土层，第四系厚度大于300m。场地东北侧19km有南通~新余断裂，东南侧45km有湖苏断裂，西北侧约10km有和桥~北澗断裂，其间为一相对完整地块。属新华夏系第二巨型隆起带，构造以华夏系及华夏式构造为主，本区第三纪以来的新构造运动以持续缓慢沉降为主。

二、基坑降排水

（1）明水排除：围堰内河水抽排结束后，在河道两侧和中心位置采用挖掘机开挖排水垄沟，排水垄沟在基坑两端汇合，挖集水坑，架立2台15kW泥浆泵抽水。

（2）地下水位降低：降低地下水作用可保证边坡稳定，同时保证基坑开挖后，在干地上施工，施工人员和机械对地基的扰动小、施工方便。

节制闸基坑底高程最低挖至-2.3m，泵站基坑底高程最低挖至-5.4m，均位于粉质壤土层。通过总涌水量计算后，围绕闸站及翼墙基坑四周布置26口降水井，管井直径30cm，井深20m，井距15m（长江侧一排降水井位加密，为10m间距），降水井离建筑物底板5m以上布置。

（3）管井内水和雨水及基坑表层水的排除：在两侧新建大堤6.5平台上按30m间距砖砌集水槽，Φ300波纹管连通集水槽，形成集水和送水通道，将管井水和明排水送至内河中。

基坑开挖后，如基坑局部渗水较多，可采用轻型井点降水方法局部降低地下水。

三、基坑开挖施工技术

本工程基坑开挖分段、分层开挖，同时按照施工总计划安排，土方工程施工充分考虑与主体工程施工的穿插，遵循先重点后附属的原则。

（一）主要工程量

本工程基坑及护砌土方开挖总量为 64376 m³（含淤泥开挖和保护层土方），内河侧河道土方开挖 48840 m3。

（二）基坑土方开挖的施工顺序和施工程序

本工程为原节制闸向长江方向约 400m 位置重建，在上下游围堰之间土方开挖面积大，开挖工作量大，总开挖土方量超过 10 万 m³，施工强度较高，是整个工程工期控制的关键。为保证水下工程按期完成，在具备基坑土方全面开挖条件时，布置 2 个施工作业面，同时开挖节制闸、泵站站身基坑土方，投入足够的土方施工机械和人员，加强现场施工管理，以保证基坑土方开挖阶段性工期的实现。

（1）施工顺序：土方开挖遵循先主后次施工顺序，本工程中以泵站底板基坑土方开挖为主线，节制闸底板基坑、翼墙基坑、上下游护砌河道土方开挖为辅线。

（2）基坑土方开挖施工程序：清理表层浮（淤）土→机械第一期开挖基坑土方（从原河床淤泥下开挖至标高 -1.0）→基础桩基、地连墙施工→机械第二期开挖基坑土方（从标高 -1.0 开挖至标高 -5.4，根据施工要求预留保护层或覆土厚度）→人工开挖保护层土方。

（三）土方运输通道

在西侧新老江堤交汇处修建一条泥结碎石马道，宽 5m，作为土方运输通道。

（四）施工机具配备

施工机械的选择：根据本工程的土质情况、工期要求、现场交通条件、施工成本等多方面因素综合考虑，闸站基坑及上下游翼墙基坑土方开挖采用挖掘机开挖，自卸车运输的方案。

根据当地水文、气象资料，考虑不利气候条件干扰和不确定因素影响，配足土方工程施工机械以保证施工安全、工期、质量要求，因基坑土方开挖总方量为 64376m³，河道土方开挖 48840m³，安排 2 台 220 型挖掘机，配备双桥自卸车 10 辆、1 台 160 型推土机。

（五）基坑土方开挖方法

（1）基坑内淤泥排除：由于基坑土方上表层为浮淤，需清除，利用高压水枪配合泥浆泵冲至弃土区内。

（2）基坑内土方开挖：基坑内土方约 64376m³，由于基坑表层土含淤泥质土，地基承载力低，在内河侧铺一条泥结碎石下堤马道，并调配 100 块厚 30mm 钢板作为运土道路之用，基坑开挖采用挖掘机配合自卸车，高差较小的基坑采用放坡明挖（坡比1∶3，局部坡比1∶2）；深基坑则采取支护措施后开挖。

基坑土方分2期开挖，第一期开挖土方标高至高程-1.0m，第二期土方开挖待基础桩、地下连续墙等基础工程完成后开挖至-5.4m，保护层土方采用人工开挖。基坑土方开挖过程中严格控制各时段开挖面高程和尺寸，采取分段开挖，建筑物分块施工，机械开挖时确保基础桩基施工所需的覆土厚度和保护层土方厚度，弃土运至附近弃土区。

（六）深基坑支护方案

1.支护原因

主要原因有2个，一是土方边坡稳定对泵站西侧长江大堤安全的影响，必须确保长江大堤安全，钢板桩可提高边坡稳定，且桩身穿过深层滑动面，防止边坡坍塌及深层滑动；二是基坑降水会加速大堤不均匀沉降，导致堤身开裂，钢板桩可阻止降水井对堤身沉降的影响。

开挖后因泵站底板基坑与堤身护砌高差较大（泵站基坑底标高为-5.4，大堤底格埂顶标高4.2，基坑边距大堤底格埂14m，高差达9.6m），放坡明挖安全坡比不足，为基坑安全，同时保留原坡面护砌，根据设计要求，在泵站基坑西侧施打15m拉森Ⅲ型钢板桩支护（钢板桩顶标高1.0，底标高-14.0），钢板桩总长度53延米（沿站身顺水流方向30m，上下游各延伸11.5m）。

为安全起见，先开挖泵站底板，泵室侧空箱岸墙底板待泵站出水流道层顶板砼施工结束后，在钢板桩与泵站边墩之间采用顶撑支护后再进行开挖。

2.施工顺序

（1）对泵站底板土方开挖至标高-5.4，空箱岸墙部分按设计要求保留部分土方。

（2）待泵站边墩施工至标高3.0（出水流道层顶板）后，采用顶撑加固（顶撑采用300型工字钢，水平间距1m布置，共设31道，每道长约12m，顶撑布置在标程0.0处）。

（3）顶撑加固完成后，对泵站空箱岸墙侧剩余土方进行开挖，施工空箱岸墙，待岸墙施工至标高1.0以后，及时对岸墙与钢板桩之间间隙进行土方回填至标高0.5。

（4）拆除顶撑与钢板桩。

（七）拉森Ⅲ型钢板桩施工方法

（1）在打桩过程中，为保证垂直度，用全站仪在2个方向加以控制。为防止锁扣中心平面位移，在打桩进行方向的钢板桩锁口处设卡板，阻止板桩位移。同时在围檩上预先算出每块板桩的位置，以便随时检查校正。

（2）打桩时打设第一、二块钢板打入位置和方向要确保精度，每打入1m测量1次。

（3）在插打过程中，由于钢板桩锁口与锁口之间缝隙较大，而钢板桩下端有土挤压、上端自由，总会使钢板桩产生远离向第一根钢板桩方向倾斜，因此，必须对钢板桩的垂直度进行控制,倾斜度控制在15mm以内,否则就要采取纠偏措施,主要采用修凿桩尖斜度、打入楔形板桩等纠偏措施。

(八)钢板桩拔除

待空箱岸墙施工至标高1.0,土方回填按设计规范要求层层压实至标高0.5后,对钢板桩进行拔除。拔桩选用振动拔桩机、吊车配合,并符合下列规定:①拔桩前用拔桩机卡头卡紧桩头,使起拔线与桩中心线重合;②拔桩开始略松吊钩,当振动机振动1~1.5min后,随振幅加大拉紧吊钩,并缓慢提升;③钢板桩起到可用吊车直接吊起时,停振。钢板桩同时振起几根时,用落锤打散;④振出的钢桩及时吊出,起吊点必须在桩长1/3以上部位;⑤拔桩过程中,随时观察吊机尾部翘起情况,防止倾覆;⑥钢板桩逐根试拔,易拔桩先拔出。起拔时用落锤向下振动少许,待锁口松动后再起拔;⑦钢板拔出后桩孔及时用沙填实。

第三节 复合支护体系在深基坑开挖中应用

基坑支护是工程施工中的重要工作,随着工程项目的不断增加,支护体系的安全性不断受到人们的重视。深基坑结构中,在周围地质环境条件允许的情况下,使用复合支护体系相对于传统的支护方式,可以大幅度提高安全可靠性。复合支护体系适用于填土厚度较大、基坑周边分布对沉降变形敏感的建筑物以及地下管线等边坡支护工程。

基坑施工相对于地面施工对安全性要求更高,深基坑中的支护安全性对于施工人员以及施工设备都会具有重要影响,保证深基坑支护安全性对于周边建筑、地下管线的完好性也具有重要意义。在深基坑施工前应该根据周围的地质情况选择合理的支护方式。

一、工程概况

某工程场地地形较为平坦,经过分析属山前冲洪积倾斜平原地貌单元,整体的地势呈现出南高北低的形态特征。通过对水位的探测,该位置属于第四系孔隙水,通过分析,发现局部会存在一定的上层滞水,根据工程要求,基底应该在地下水位以下。对地下水的成分进行检测后,发现地下水对混凝土和钢筋存在轻微的腐蚀性。土质属于中软场地土,具有轻微的湿陷性。

二、基坑支护设计

(一)基坑设计

通过对工程周边地质水文条件的分析,并对周围的管道、电缆情况进行合理规划,结合现有的施工技术和成本控制条件,决定使用复合支护体系保证深基坑的安全性。具体需要建立"钢管桩+预应力锚杆+土钉墙"计算模型,并且按照二级基坑进行设计。

(二)理论计算

钢管桩是复合支护体系中的重要结构,更是土钉墙支护中的超前支护手段,因此在进行理论计算时,应该首先对钢管桩进行计算。在计算过程中不考虑对周围边坡的加固作用,直接按照土钉墙理论完成计算。经过对基坑周围建筑物以及管道附加荷载等多种因素的综合考虑,假定建筑物荷载取值20kPa/层,管线荷载取值为20kPa。相关的参数计算如下。第一,根据钢管桩150mm直径,0.75m的间距,决定钢管的直径为125mm,钢管壁的厚度为4.5mm,并合理设置漏浆孔,在冠梁使用槽钢对钢管进行连接,为保证结构稳定性,使用螺栓进行有效连接。第二,使用三道土钉完成矩形布置,并将水平间距控制在1.5m,垂直间距控制在1.2~1.5m。杆体材料均选择钢材结构,合理控制注浆强度。基坑的部分区域存在杂填土较厚的地层,为保证成孔的有效性,可以使用焊接好的钢管通过击入方式代替原有方式。土钉在水平垂直方向都要有钢筋连接,保证结构稳定性。第三,使用一道锚杆结构,长度控制在12m左右,自由端的长度控制在5m左右,水平间距为1.5m,杆体材料为钢筋结构,控制好注浆强度不低于M15,预加力为70kN,并在腰梁处设置一根25b槽钢,承压板材料结构采用钢板。

三、支护结构选取及技术要点

(一)选取支护结构

复合支护体系的搭建应该保证深基坑周边环境的安全。具体应该采取以下几个方面的措施。第一,在成本允许的情况下,应该尽量选择整体刚度较大的支护体系。第二,为保证施工质量和施工效率,应该加快坑底垫层的施工速度。第三,为保证开挖的顺利进行,需要对车辆出入通道和周边的施工道路进行合理设置。第四,荷载对支护结构会产生较大的影响,因此在搭建体系中应该做到合理控制。第五,在施工过程中应该加强对周边环境的检测,保证整个施工过程在动态的可监测范围之内。通过对以上几种因素的综合考虑,设计出以下几种施工方案。

(1)支护墙(桩)体系。这种支护体系实际上是将地下连续墙与钢筋混凝土进行结合,形成叠合墙的施工方案。这种方案的优点主要体现在以下几个方面:第一,地下室外侧壁厚减小,降低了对钢筋的使用量,从而降低了地下室的工程造价;第二,由于基坑没有回填料,在车道以外的部分不用设立撑梁板;第三,这种方案省去了地下室外墙的模板工作和防水工作;第四,基坑开挖面积减少,挖土方量减少,降低了输运工作强度;第五,在地下结构中采用连续墙整体结构,刚性强度相对于钻孔桩具有较好的抗力;第六,方案整体采用使用的费用较少,在局部区域还能扩大地下室空间。

(2)"钻孔灌注桩+三轴搅拌桩+三道钢筋混凝土"内支撑方案。这种复合式支撑方案的施工技术比较成熟,并且市场上的施工单位较多,因此可以保证支护体系的施工质量。除此之外,这种方案的围护造价比较低廉,并且施工设备可以根据施工地点以及施工环境做出一定的调整,施工的灵活性较好。

(3)内支撑方案。内支撑方案采用竖向支护体系,通过对基坑开挖深度的分析,决定使用三道内支撑体系。第一道将支撑标高设置为 -3.000 处,第二道支撑面标高为 -7.200,第三道支撑面标高为 -11.200。为保证平面支护体系结构的安全可靠性,通过几种结构的对比情况,最终决定采用"圆环 + 对撑方案"。

(二)施工要点

确定施工方案后,开始进行复合土钉墙施工。具体施工内容为钢管桩施工、土钉施工以及地表水的控制。通过各工序质量控制,实现控制施工质量的目的。

(1)钢管桩施工。在钢管桩施工前,应该对施工场地进行一定的处理,保证地面的平整性,同时还要确定桩顶标高及钻机位置。严格按照施工图纸进行钢管桩的定位,通过使用精密测量工具,控制误差情况。钢管安装完成后,将注浆管插入钢管中开始进行注浆。等到灌浆压力达到 0.5MPa 后停止注浆,此时开始进行冠梁施工,开挖边坡以及土钉墙的施工应该在钢管桩和冠梁施工养护一周之后进行。

(2)土钉施工。土钉施工应该严格按照设计图纸的要求,准确定位基坑的开挖边线。在此次施工中采用五次开挖的形式,支护架构的搭建贯穿于整个施工过程中。开挖过程中具体采用分层开挖的形式,土方开挖应该做到与支护施工的配合良好,将开挖过程与土钉墙施工形成循环作业。按照设计图纸以及施工要求,制作土钉,并在顶端位置使用螺栓固定。由于深基坑中的特殊位置,需要使用焊接钢管代替土钉,因此在注浆过程中为保证效果,必要时使用多次注浆方式,同时实时做好对压力的检测工作。

(3)地表水控制。在此次施工中,考虑到深基坑面积较大,同时场土为黄土的因素,需要设定防水墙防止雨水、客水进入基坑,同时采取一定的措施对整体地表水进行合理控制。如常见的地表沟渠、水泵抽取等,保证深基坑施工安全。

总之,复合式支护体系在深基坑开挖中对于保证施工的安全环境以及周围建筑物的安全具有重要作用。这种支护方式本身也是基坑施工中的重大进步,在今后的深基坑施工中会不断发挥实际价值。

第四节 岩土项目施工中深基坑开挖支护技术应用

经济的发展促进了城市建设进程的加快,建筑工程也朝着高层、超高层的方向发展,为了充分的利用有限的城市空间,绝大多数高层建筑都配置了地下停车场、地下仓库等设施。同时,市政设施的建设,如地铁、地下商场的建设,使得基坑开挖的深度不断加深,对基坑工程的建设质量提出了更高的要求。深基坑开挖必须采取必要的支护措施,这是施工安全的最基本的保障,对预防建筑塌方、增强建筑功能具有十分关键的作用。深基坑的开挖支护受多方面因素的影响,必须对各种因素和条件进行综合的考虑,合理地进行设计,施工中严把质量关,保证深基坑支护施工的安全性和可靠性。

一、深基坑开挖支护技术的特点

(一)不确定性

岩土工程在施工前首先要对场地进行岩土勘察,但是场地数据是非常有限的,这就使施工场地的岩土性能了解无法做到清楚全面,而且环境条件的变化又对岩土的结构的相关参数有直接的影响,施工带来的环境变化可能使岩土性能参数发生改变。岩土结构和性能的变化又对施工的进行具有直接的影响,岩土情况变化的不确定性使得岩土工程的施工也具有不确定性。

(二)区域性

不同的区域的自然环境不同,岩土性质也存在差异,不同的岩土结构和性能的各项指标也是不一样的,因此对于不同区域的岩头工程要根据场地区域的实际情况选择合适的设计参数和施工方法。

(三)隐蔽性

深基坑的开挖和支护都属于隐蔽的工程,完工后的投入运行也是在地下隐蔽的环境中,即使存在问题,发现比较困难,而且解决起来也有较大的难度,缺乏直观性。

(四)成片性

深基坑的开挖和支护通常是同时在多个基坑同时开展施工建设,在施工的过程中,两个临近的基坑在施工程序的进行中,如打桩、降水、灌浆等过程中,也会存在差异性,两个基坑的统筹协调施工存在一定的难度。

二、深基坑开挖支护施工中存在的问题

(一)土体物理力学参数选择不合理

深基坑支护结构的安全性直接受土压力大小的影响,支护结构的承受性能越强,其安全度就越高。但是岩土地质情况是复杂多变的,受多方面因素的影响,具有不确定性的特点,因此对土压力进行精确的计算至今仍然是一个难题。土体物理参数的选择十分复杂,深基坑开挖的过程中,土体含水率、黏聚力等参数都可能发生改变,不合理的参数选择直接影响支护结构承受土压力的计算结果的准确性。

（二）基坑土体取样不完全

深基坑的开挖支护，在设计阶段就需要对土体进行取样，以获得土体的物理力学指标。按照国家相关规定的要求通常会在基坑区域范围内进行土体的钻探取样。但是考虑到工程造价以及勘探量大小的问题，钻孔取样数量有限，取得的土体样本随机性较强，土体区域不完全。

（三）没能充分地考虑到空间效应

深基坑的开挖是一个空间的问题，通常在设计深基坑支护结构的过程中都是对按平面应变问题来进行支护结构的设计和处理，这对于细长条的基坑是比较合理的。但是对于近似方形的深基坑来说采用此种方法会存在较大的差别。因此在对此种形状的基坑开挖和支护时要对设计方案进行一定的调整以满足空间效应的要求。

（四）支护结构的设计计算与实际有出入

现今深基坑支护结构的设计计算主要是建立在极限平衡理论的基础之上的，但是从实际支护受力来看，有的支护结构虽然安全系数在理论上符合要求，但是在实际应用中却有损坏发生。有的支护结构的安全系数的计算虽然没有达到理论上的要求，但是实际工程应用中却表现为安全性良好。

三、深基坑开挖支护技术在岩土项目施工中的应用

（一）深层搅拌桩支护

深层搅拌桩支护是利用深层搅拌机械设备将石灰、水泥等作为固化剂的原料进行强制搅拌，使软土和固化剂发生一系列的反应达到软土硬结的效果，促使其成为具有水稳定性和整体性的桩体支护结构。这种支护技术尤其适用于饱和软黏土岩土项目基坑中应用。需要注意的是基坑开挖应该控制在6米以下，对于有机质土酸碱度较低的黏性土，应先进行试验加以确定。

（二）排桩支护

排桩支护技术指的是以队列式的形式进行灌注桩的间隔布置形成挡土结构。可单排布桩也可双排布桩。综合考虑基坑的深度、支撑布置的形式以及基坑周围的环境条件来对桩径、嵌固深度和配筋进行计算。排桩多使用钻孔灌注桩，适用于基坑在8米以上14米以下的基坑。

（三）钢板桩支护

钢板桩支护具有操作简单，成本投入低的优势，由钢板桩和锚拉杆共同组成支护结构。但是鉴于钢板刚性不足的缺陷，要求支撑系统必须合理地设置，否则会产生变形，影响支

护效果。此种支护技术不适用于深度在 8 米以上的软土层基坑。

（四）土钉支护

土钉支护指的是在基坑原位土体中将金属杆件进行小间距的排列，在金属杆件外一般会采用水泥砂浆进行包裹。土钉依靠和土体接触面上的黏结力与土体结合成一个整体，通过受拉起到土体加固的作用。此种支护技术施工简单，操作方便，对机械化要求低，易于推广和使用。

（五）锚杆支护

锚杆支护类似于土钉支护，在基坑原土体中锚入锚杆，将支护结构与基坑外墙用受拉杆件进行联结达到保持基坑稳定的目的。锚杆支护可与其他支护结构配合使用，但是对于基坑土层为有机土的不适用。

（六）拱圈支护技术

拱圈支护分为闭合拱圈支护和非闭合拱圈支护。拱圈支护在对水平方面的土压力的承受方面具有良好的优势，能够使混凝土抗压强度充分地发挥出来。此种支护技术施工起来非常方便，操作简单，机械化要求低。需要注意的是基坑施工现场构造要满足圆环受力特征的要求，尤其要注意必须保证拱圈拱脚具有良好的稳定性，同时要采取必要的措施对拱脚稳定性加以保障。

参考文献

[1] 袁文蔚. 浅谈如何加强深基坑工程质量安全监督管理 [J]. 中国新技术新产品，2014，8（5）：163.

[2] 殷春涛. 浅析高层建筑深基坑工程施工质量安全监督管理 [J]. 城市建筑，2016，7（26）：205.

[3] 李栋. 如何加强深基坑工程安全监督管理 [J]. 山西建筑，2016，42（32）：55-57.

[4] 刘宗仁，王土川. 土木工程施工（2版）[M]. 北京：高等教育出版社，2009.

[5] 徐志军，王曙光，陈静. 深基坑与边坡支护工程设计施工经验录（1版）[M]. 上海：同济大学出版社，2011：9.

[6] 赵晓明. 深基坑施工中边坡支护技术的应用 [J]. 建筑工程技术与设计，2014（15）.

[7] 马海朋. 浅谈深基坑支护工程事故及预防 [J]. 智能城市，2016（2）：78-79.

[8] 邢本康. 复杂环境深基坑开挖安全控制方法 [J]. 建筑安全，2017，32（06）：47-50.

[9] 杨钊. 深基坑工程的质量、安全控制——浅析柏悦园工程基坑开挖施工过程 [J]. 江西建材，2017，（04）：99.

[10] 邓新业. 刍议建筑工程施工中深基坑支护的施工技术管理 [J]. 居舍，2019（21）：150-151.

[11] 马丽珠. 岩土工程中的深基坑支护设计问题及对策 [J]. 工程技术研究，2019,4(12)：202-203.

[12] 刘子毅，上官云龙，李向群. 岩土工程深基坑支护的设计及施工问题研究 [J]. 四川水泥，2019（5）：112-113.

[13] 黄峰平. 浅谈高层建筑深基坑支护施工的问题及其质量控制措施 [J]. 四川水泥，2018（11）：259-260.

[14] 杨朝辉. 关于市政工程施工中的深基坑施工技术探讨 [J]. 中州建设，2017（14）：69-70.

[15] 杨国庆. 市政道路深基坑施工技术及安全控制措施探讨 [J]. 军民两用技术与产品，2017（2）：85-86.

[16] 基于岩土工程中的深基坑支护设计问题和对策探讨 [J]. 傅德坤. 四川水泥.2019（10）.

[17] 深基坑支护设计及监理控制 [J]. 冒建国. 四川水泥.2016（12）.

[18] 基于岩土工程中的深基坑支护设计问题和对策探讨 [J]. 胡力. 城市建设理论研究（电子版）.2017（21）.

[19] 基于岩土工程中的深基坑支护设计问题和对策探讨 [J]. 肖亚鸣. 低碳世界.2016（31）.

[20] 基于岩土工程中的深基坑支护设计问题和对策探析 [J]. 周彤. 绿色环保建材.2019（12）.